土木系 大学講義シリーズ 14

改訂 上下水道工学

工学博士 茂庭竹生

コロナ社

土木系　大学講義シリーズ　編集機構

編集委員長

伊　藤　　　學 (東京大学名誉教授　工学博士)

編 集 委 員 (五十音順)

青　木　徹　彦 (愛知工業大学教授　工学博士)
今　井　五　郎 (元横浜国立大学教授　工学博士)
内　山　久　雄 (東京理科大学教授　工学博士)
西　谷　隆　亘 (法政大学教授)
榛　沢　芳　雄 (日本大学名誉教授　工学博士)
茂　庭　竹　生 (東海大学教授　工学博士)
山　﨑　　　淳 (日本大学教授　Ph. D.)

(2007年1月現在)

扉の写真は東京都村山貯水池（東京都水道局提供）

改訂にあたって

　初版を発行してから20年以上の歳月が経った。その間，水道も下水道も大きく変化した。両施設とも重要なライフラインであり，市民生活に欠くことのできない社会基盤施設であるが，その重要度はますます大きくなり，施設が停止すると都市機能が完全に麻痺する状況にある。阪神・淡路大震災をはじめ，いくつかの地震災害では，両施設とも大きなダメージを受け，多くの被災者が長い間不便な生活を強いられた。水道も下水道もその第一の目的は公衆衛生の向上にあるが，いかに安全な水の確保が重要であるかを体験させられた。また，この20年間に水源水質が大きく変化し，それに対応して水道水質基準も2回にわたって改定が行われ，それに伴い環境基準も改定された。微量化学物質や農薬，そして水道自身が発生源となる消毒副生成物など，ごく微量で健康に影響する物質が基準項目に加えられている。また，消毒剤である塩素剤が有効に働かないクリプトスポリジウムなどの病原性原虫による感染事故が発生し，かつてに比べ環境中に健康を脅かす物質が増えつつある。さらに，浄水処理技術も大きく発展し，第三の固液分離技術である膜沪過が実用化されているし，オゾン処理を中心とした高度浄水処理も大きく発展している。

　下水道も大きく変化した。政令指定都市などの大都市では，ほぼ下水道が完備し，いまは中小都市での建設が盛んである。下水処理方法も維持管理の容易なシステムの開発が進み，嫌気性処理をうまく利用する処理方法の実用化が進んでいる。また，栄養塩類の除去も実用化されつつあり，処理の高度化により，水環境の改善に大きく寄与するシステム開発が進んでいる。

　都市を取り巻く水環境は，下水道の発達でひところよりも改善が進んだ。しかし一方では，水利用率の向上もあって河川の水量が減少し，維持流量が確保できないところが出現したり，雨水排除施設の整備が進まず浸水被害を出すなど，まだまだ満足すべき状況にはない。そのため，今後は健全な水循環という観点から，水道も下水道も施設をとらえる必要がある。両施設はこのような視

改訂にあたって

点に重点を置き，施設整備を行うとともに，重要な社会基盤施設として，災害に強く，環境に配慮しながら安定した施設運営を継続していく必要がある．同時に，わが国の優れた技術を海外に移転し，技術協力を行っていくこともわが国の重要な役割である．

このように，20年間で，関連法規の改正，基準や指針の改定，新技術の開発が行われ，上下水道界は大幅に変化した．改訂では，水質に関する項目を各種の基準の変更を含めて大幅に加筆し，加えて定着しつつある新しい技術について記述した．今後も技術の発展は続くが，現時点での技術的課題を明らかにすることで，今後の開発の方向についても考え方をまとめた．

本書の改訂はもう少し早い時期に行うべきであったが，小生の怠慢で遅れて多くの方々にご迷惑をお掛けした．あらためてお詫びとともにお礼を申し上げたい．

2007年1月

茂　庭　竹　生

——はしがき——

　山紫水明をたたえられたわが国は，豊かな水資源に恵まれ"みずほ"の国と呼ばれた。四季の恵みは多くの農産物や水産物をわれわれに提供し，心を和ませ，豊かな緑ときれいな水をもつ国土を作りだしている。日本語は雨の降り方を表す語彙が豊富である。"時雨(しぐれ)"，"五月雨(さみだれ)"，"村雨(むらさめ)"，"通り雨"，"夕立"，"豪雨"，"驟雨(しゅうう)"と枚挙にいとまがない。詩情豊かな言葉，雨の降る様を表す言葉，いろいろである。わが国は雨に恵まれ，良質の水が得やすい環境にあるということであろう。環境庁が日本の名水百選を企画したが，選ばれた水は日本各地に点在している。それだけ日本中が良質の水資源に恵まれている証拠であろう。

　しかし，山紫水明をたたえられたわが国も戦後の日本経済の復興とともにその姿をかえた。豊かな水資源がかえってあだとなり，多量に使われた水が河川や湖沼，海をよごし，各地で水質汚濁に悩まされ始めた。そして，国土開発の名のもとに，山は削られ，海は埋め立てられ，工場の群れと化した。豊かな緑，美しい砂浜はもう二度と戻ることはない。"公害大国日本"と呼ばれ，水俣病，イタイイタイ病をはじめとし，不幸な公害病を誘発したのはまだ記憶に新しい。

　水は人間生活の基盤をなすものである。快適な生活空間の創造には清浄な水がぜひとも必要である。水は人の健康に直接影響し，生産を支える。上下水道施設は水問題の根幹をなすものであり，都市施設のうちでも最も重要なものである。われわれの生活の場に安全な水を豊富に提供し，多くの製品を造りだす生産を支える水，これは「水道」の重大な使命である。また，そこで使われた水を速やかに排除し，安全・無害な水に処理し，公共水域に放流するのが「下水道」の役割である。この二つがうまく機能することにより，われわれの生活環境がそして自然環境が守られるわけである。

　筆者の研究テーマは汚濁水域に沈積する汚泥についてである。この汚泥は明

らかに人間がつくりだしたものであり，われわれ人間のいわば"おごり"の結果である。水域に厚く沈積した汚泥は，これから何百年も何千年も存在し続け，われわれがかつていかなる水の使い方をしたかを語り続けるであろう。水の管理を誤れば，きっと大きなしっぺ返しがくることを肝に銘じておくべきである。狭い国土に1億2千万人もの人が住む以上，開発は避けられない。しかし，これからはより以上に環境との調和を考え，本当に必要な開発を，より影響の少ない方法を選択して行うべきであろう。いやしくも景気刺激のための開発などは行うべきではない。

　本書は書名を「上下水道工学」とした。これは土木工学科で学ぶ学生にとって，この二つの施設が重要だからである。しかし，本当に学んで欲しいことは水の重要性であり，そして環境保全の大切さである。浅学な著者がない知恵を絞って書いた教科書であるが，ぜひとも意を汲んで欲しいと願ってやまない。

　本書の出版に当たって，多くの図表を「水道施設設計指針・解説（昭58）」および「下水道施設設計指針と解説（昭47，昭59）」より引用させて頂いた。本稿を借りて(社)日本水道協会と(社)日本下水道協会に厚く感謝の意を表す。

1985年11月

茂　庭　竹　生

目次

序論
1. はじめに …………………………………………………………………1
2. 上水道の歴史 ……………………………………………………………3
3. 下水道の歴史 ……………………………………………………………5

第1編　上水道

第1章　総論
1.1 上水道の目的 …………………………………………………………8
1.2 上水道の構成 …………………………………………………………9

第2章　水質
2.1 意義 ……………………………………………………………………10
2.2 水質基準と水質試験 …………………………………………………11
　2.2.1 水質基準 …………………………………………………………11
　2.2.2 水質管理目標設定項目および要検討項目 ……………………27
　2.2.3 農薬 ………………………………………………………………28
2.3 今後の課題 ……………………………………………………………28

第3章　上水道基本計画
3.1 計画年次と計画給水区域 ……………………………………………30
3.2 計画給水人口 …………………………………………………………31
3.3 計画給水量 ……………………………………………………………34
　3.3.1 用途別給水量 ……………………………………………………34
　3.3.2 使用量の時間および季節変動 …………………………………36
　3.3.3 計画給水量原単位 ………………………………………………37

第4章　水源と取水

4.1　水源の種類と特徴 …………………………………………………………39
   4.1.1　地表水 ……………………………………………………………39
   4.1.2　地下水 ……………………………………………………………41
4.2　水源の選定と管理 …………………………………………………………42
4.3　取水 …………………………………………………………………………43
   4.3.1　計画取水量 ………………………………………………………43
   4.3.2　地表水の取水 ……………………………………………………43
   4.3.3　地下水の取水 ……………………………………………………45

第5章　導水と送水

5.1　概説 …………………………………………………………………………48
5.2　開水路 ………………………………………………………………………49
   5.2.1　開渠 ………………………………………………………………49
   5.2.2　暗渠およびトンネル ……………………………………………49
   5.2.3　断面の決定 ………………………………………………………50
5.3　管水路 ………………………………………………………………………50
   5.3.1　路線の選定 ………………………………………………………50
   5.3.2　管種と付属設備 …………………………………………………51
   5.3.3　管径の決定 ………………………………………………………52

第6章　浄水

6.1　概説 …………………………………………………………………………55
6.2　浄水システム ………………………………………………………………56
6.3　沈澱 …………………………………………………………………………58
   6.3.1　沈澱理論 …………………………………………………………58
   6.3.2　普通沈澱法 ………………………………………………………63
   6.3.3　薬品凝集沈澱法 …………………………………………………64
6.4　沪過 …………………………………………………………………………72
   6.4.1　緩速砂沪過 ………………………………………………………72

6.4.2　急速砂濾過 ……………………………………………… 75
6.5　膜　　濾　　過 ……………………………………………………… 85
　6.5.1　膜濾過の浄化機構 ……………………………………… 85
　6.5.2　膜濾過方法と濾過膜の回復 …………………………… 86
6.6　消　　　　　毒 ……………………………………………………… 87
　6.6.1　塩素による消毒法 ……………………………………… 88
　6.6.2　その他の消毒法 ………………………………………… 91
6.7　高度浄水処理と特殊処理 …………………………………………… 92
　6.7.1　生　物　処　理 …………………………………………… 92
　6.7.2　オゾン処理 ………………………………………………… 93
　6.7.3　活性炭処理 ………………………………………………… 94
6.8　特　殊　浄　水 ……………………………………………………… 95
　6.8.1　除鉄・除マンガン ………………………………………… 95
　6.8.2　生物除去法 ………………………………………………… 97
6.9　排　泥　処　理 ……………………………………………………… 99
　6.9.1　濃縮と脱水処理 …………………………………………… 99
　6.9.2　再利用と最終処分 ……………………………………… 103

第7章　配水および給水

7.1　は　じ　め　に ……………………………………………………… 104
7.2　配　水　方　式 ……………………………………………………… 104
7.3　配　　水　　池 ……………………………………………………… 105
7.4　配水塔および高架タンク …………………………………………… 106
7.5　配　　水　　管 ……………………………………………………… 107
　7.5.1　計画配水量 ………………………………………………… 107
　7.5.2　配水管の水理計算 ……………………………………… 108
　7.5.3　配水管の施工と維持管理 ……………………………… 111
7.6　給水方式と装置 ……………………………………………………… 112

第2編 下水道

第8章 総論

8.1 下水道の目的 …………………………………………… 117
8.2 下水道の定義 …………………………………………… 118
8.3 下水道の種類 …………………………………………… 119

第9章 下水道基本計画

9.1 はじめに ………………………………………………… 121
9.2 計画年次と計画下水道区域 …………………………… 121
9.3 計画下水道人口 ………………………………………… 122
9.4 下水排除方式 …………………………………………… 122
9.5 計画汚水量 ……………………………………………… 124
    9.5.1 家庭汚水量 ………………………………………… 125
    9.5.2 工場排水量 ………………………………………… 126
    9.5.3 地下水量 …………………………………………… 127
    9.5.4 その他の汚水量 …………………………………… 127
    9.5.5 計画汚水量 ………………………………………… 128
    9.5.6 計画水質 …………………………………………… 128
9.6 計画雨水量 ……………………………………………… 130
    9.6.1 降雨強度式 ………………………………………… 130
    9.6.2 雨水流出量の算定 ………………………………… 133

第10章 下水排除施設

10.1 設計の要件 ……………………………………………… 137
10.2 管渠施設 ………………………………………………… 138
    10.2.1 管渠の種類 ………………………………………… 138
    10.2.2 管渠の断面 ………………………………………… 138
    10.2.3 管渠の水理 ………………………………………… 139
    10.2.4 管渠の継手 ………………………………………… 140
    10.2.5 管渠の基礎工 ……………………………………… 141

10.2.6　管渠の接合 …………………………………… 143
　　10.2.7　マンホール ……………………………………… 144
　　10.2.8　埋設位置と深さ ………………………………… 146
　　10.2.9　雨水吐き室 ……………………………………… 147
　　10.2.10　開渠の種類と断面 ……………………………… 148
　　10.2.11　伏　越　し ……………………………………… 149
　10.3　ポ ン プ 施 設 ……………………………………… 150
　　10.3.1　種類と機能 ………………………………………… 150
　　10.3.2　沈砂池およびスクリーン ……………………… 151
　　10.3.3　ポンプ設備 ………………………………………… 153
　10.4　雨水流出量の調整 ………………………………… 155
　　10.4.1　調　整　池 ………………………………………… 156
　　10.4.2　その他の調整方法 ………………………………… 157

第 11 章　下 水 の 水 質

11.1　は　じ　め　に ……………………………………… 158
11.2　有　機　物　質 ……………………………………… 158
11.3　蒸 発 残 留 物 ……………………………………… 162
11.4　栄　養　塩　類 ……………………………………… 162
11.5　重　金　属　類 ……………………………………… 163
11.6　流入下水の水質 ……………………………………… 163

第 12 章　下 　水　 処 　理

12.1　概　　　　　説 ……………………………………… 165
12.2　予備処理と 1 次処理 ………………………………… 166
　　12.2.1　予　備　処　理 …………………………………… 166
　　12.2.2　1　次　処　理 …………………………………… 167
12.3　2 次処理（生物処理） ……………………………… 168
　　12.3.1　生物分解作用と処理原理 ………………………… 168
　　12.3.2　下水処理に関与する微生物 ……………………… 171
　　12.3.3　活性汚泥法 ………………………………………… 172

12.3.4　活性汚泥法の各種変法 ……………………………………………184
　　12.3.5　最終沈澱池 ……………………………………………………………187
　　12.3.6　固定生物膜法 …………………………………………………………187
12.4　高　度　処　理 ………………………………………………………………193
　　12.4.1　高度処理の目的 ………………………………………………………193
　　12.4.2　有機物質，浮遊物質の除去 …………………………………………193
　　12.4.3　窒素・リンの除去 ……………………………………………………194
12.5　消　　　　毒 …………………………………………………………………197

第13章　下水の処分

13.1　下水の処分法 …………………………………………………………………198
13.2　公共用水域の環境基準 ………………………………………………………199

第14章　汚　泥　処　理

14.1　概　　　　説 …………………………………………………………………205
14.2　濃　　　　縮 …………………………………………………………………207
14.3　消　　　　化 …………………………………………………………………208
　　14.3.1　嫌気性消化 ……………………………………………………………208
　　14.3.2　好気性消化 ……………………………………………………………212
14.4　脱　　　　水 …………………………………………………………………212
　　14.4.1　沪過理論 ………………………………………………………………213
　　14.4.2　汚泥調整 ………………………………………………………………214
　　14.4.3　沪過機 …………………………………………………………………215
　　14.4.4　遠心脱水機 ……………………………………………………………216
14.5　汚泥の乾燥・焼却・溶融 ……………………………………………………217
　　14.5.1　乾　　　　燥 …………………………………………………………217
　　14.5.2　焼　　　　却 …………………………………………………………217
　　14.5.3　溶　　　　融 …………………………………………………………219
14.6　コンポスト ……………………………………………………………………220

索　　　　引

序　　論

1. はじめに

　都市施設のうちでも「上水道」と「下水道」は「道路」と並んで最も重要な公共施設であり，われわれが日常生活を営む上での根幹をなすものである。
　「上水道」と「下水道」はよく人間の動脈と静脈にたとえられたり，車の両輪にたとえられる。両者には密接な関係があり，一方がうまく機能しなくても快適な都市環境づくりはたちまち困難となる。わが国は残念ながら下水道施設の建設が立ち遅れ，ひずみを抱えたまま都市として発達してきたために，水質汚濁をはじめとする数々の弊害を生み，快適な生活環境とはいえない状況が長い間続いてきた。その遅れを取り戻すため下水道の投資額は毎年多額に上り，多くの都市で計画・施工を進めてきたが，現在でもその普及率はようやく70％に届いた程度である。一方，水道はわが国でも早くから整備が進み，現在，普及率は97％に達している。このように水道は普及率の点ではほぼ満足すべき状態にあるといえるが，最近は水源の汚濁が進み，良好な原水確保が困

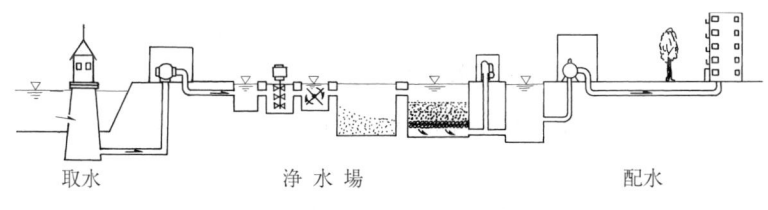

取水　　　　　　　浄水場　　　　　　　　　配水

・上水道システム

・上水道と下水道の普及率の推移

年　度	総人口〔万人〕	給水人口〔万人〕	水道普及率〔％〕	下水道人口〔万人〕	下水道普及率〔％〕
1965	9 828	6 824	69.4	816	8.3
1970	10 372	8 375	80.8	1 616	15.6
1975	11 228	9 840	87.6	2 551	22.8
1980	11 686	10 691	91.5	3 554	29.6
1985	12 100	11 281	93.3	4 333	35.8
1990	12 356	11 669	94.7	5 397	43.7
1995	12 542	12 010	95.8	6 683	53.3
2000	12 690	12 256	96.6	7 803	61.4
2001	12 718	12 298	96.7	8 032	63.5
2002	12 744	12 338	96.8	8 257	65.2
2003	12 766	12 375	96.9	8 459	66.7
2004	12 775	12 401	97.1	8 636	68.1

注）データは「水道統計」（日本水道協会）および「業務統計年報」（日本下水道事業団）による。

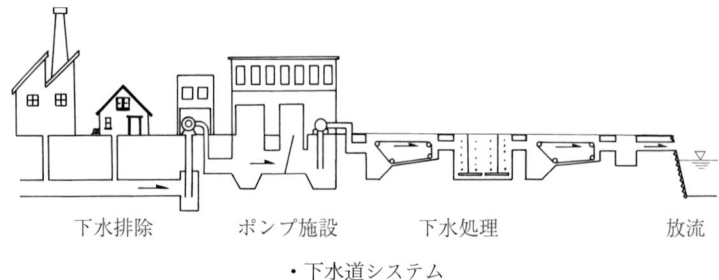

・下水道システム

難になりつつあり，量の確保よりも安全な水を安定して供給することに主眼が移りつつある。

　水道は安定した水源の確保から始まり，市民生活，事業活動，生産活動に安全な水を安価で豊富に供給することに使命がある。一方，下水道は市民生活や事業・生産活動によって使われた水を集め，処理し，無害化して公共水域へ放流することを目的としている。また，市街地の雨水排除も下水道の大切な役目である。このように，水道と下水道は生活に欠くことができない「水」を管理する大切なシステムで，都市施設で中心的な役割を演じ，生活環境衛生あるいは水環境の保全に役立っている。

　水道・下水道とも都市の発達につれ，その必要性に応じて造られてきたもの

であるからその歴史は古く，技術的に見ても経験学的に開発されてきたものが多い．本書では各論に入る前に両施設の技術史について概説し，理解の一助としたい．

2. 上水道の歴史

水道の建設は灌漑により発達した．導水路の遺跡で最古のものはアッシリアで B.C. 681 年に造られた石造りの水路であろう．これは導水距離が 80 km にも及び，谷を越す場合には水路橋が築かれている．

アッシリアの水路は灌漑目的で建設されたものであったが，水道を目的として築造されたのがローマ水道である．B.C. 312 年に完成したアッピア水道は全長が 578 km にも達し，ローマ市内の浴場，噴水，公共施設あるいは特権階級の館に給水が行われていた．水道管には木樋，土管，石樋あるいは青銅や鉛を材料とする金属管が用いられていた．

ローマ帝国は都市施設の整備にも非常に熱心で，この時代に技術的にも大きく発展を遂げたが，帝国の崩壊とともに水道の発達も停止し，その後，新たな水道建設が始まったのは 12 世紀に入ってからである．1190 年ごろ，パリで鉛管を用いた水道が建設されたのをはじめとして，1235 年にはロンドンで石樋と鉛管を用いて導水が開始された．また，ドイツでは 1527 年に初めてポンプを用いた水道が建設されたが，いずれも無処理のまま水だけを供給する施設で，浄水処理を取り入れた近代水道の建設は 19 世紀に入ってからである．

濾過が最初に取り入れられたのは 1804 年のイギリスである．その当時は単に濁りを取り除く程度のものであったが，細菌除去の効果が認められ，ヨーロッパ各地で広く用いられるようになったといわれる．

わが国でも水道の歴史は古く，江戸時代に築造された神田上水，玉川上水は有名である．神田上水は 1590 年，徳川家康の命で造られた小石川水道からできたものであり，井の頭の湧水を水源として掘割りで江戸市内に導水したものである．さらに有名なのは玉川兄弟によって 1654 年に完成した玉川上水である．当時，江戸は埋立てによって市街地が拡大し，神田上水だけでは必要水量

・水道管用の木管 ↑
・現在の玉川上水（見影橋付近）→

がまかなえなくなっていた。四代将軍家綱は多摩川からの導水を計画し，羽村から四谷大木戸まで43 kmを結ぶ玉川上水路が建設された。これは淀橋までが開渠，淀橋からは暗渠でできており，また江戸市内への水道供給だけでなく関東平野の灌漑用水路も兼ねており，この水路の完成により関東平野の石高が飛躍的に伸びるなど，建設により得た効果は計りしれないものがある。明治以降，この水路は淀橋浄水場の導水路として用いられてきたが，同浄水場が副都心として高層ビル群に生まれ変わり，その機能を停止するまで重要な役割を果たしてきた。そのほかには，規模は小さいながら，近江八幡水道，小田原早川水道，富山水道，箱館五稜郭上水（現在の函館）が有名である。

近代水道は，1887年，横浜に完成したのが始まりである。建設の動機はコレラなどの流行病対策であったが，その後は函館，長崎，大阪などの港町を中心に建設が進んでいる。一方，法制面は1878年に飲料水注意法が制定され，コレラ，チフスの発生防止に努めたのが初めで，1890年になって水道条例が初めて布告されている。

塩素消毒が初めて採用されたのは，1897年，イギリスで次亜塩素酸カルシウムによるものであったが，わが国では，1921年，東京市，大阪市，南満洲鉄道（株）で塩素ガスによる消毒が始められている。

このようにわが国の近代水道は何度となく流行したコレラや赤痢あるいはチフスなどの疫病と闘いながら，しだいに建設が進んでゆき，1957年，水道法の制定をむかえ，現在に至っている。

3. 下水道の歴史

　下水道の歴史も上水道と並んで古く，B.C. 7 世紀ごろの遺跡がバビロニア，アッシリアで発見されている。しかし，下水道も上水道と同様に本格的な施設が建設されたのはローマ時代に入ってからである。ローマ帝国が築いた下水道は幅 3.6 m，高さ 4.2 m という大断面をもつアーチ式石造りの立派な暗渠で，石と石のすき間には溶岩を用いて目地詰めが施してあった。この下水渠は各戸と接続されており，水洗便所がこの時代からすでに用いられていた。集められた下水は市内のテレベ川へそのまま放流されていて，ローマ帝国末期には，汚濁が進行し，マラリヤが流行したとの記録がある。

　ローマ帝国が滅び，中世のいわゆる暗黒時代に入ると，下水道建設も暗黒時代を迎え，水道同様まったく建設が進まなくなる。雨水は地下浸透や蒸発にまかせ，下水は道路の溝へ導いていた。これは病原菌に好適な培養地を与えることとなり，何度となくペストやコレラが大流行し，そのたびに大きな犠牲を生んでいる。唯一の例外はドイツに造られた下水渠（1531 年）であり，灌漑処理が取り入れられている。

　近代下水道の建設はイギリスに端を発した。産業革命は都市部への人口集中を生み，工業の集中に伴い河川の汚濁が急速に進行した。特に 1810 年，水洗便所が考案され，し尿が直接河川へ放出されるようになると河川汚濁は極限に達し，コレラの大流行を促した。下水道の建設はテームズ川に流入する下水を川沿いに遮集する管渠の建設から始まり，1860 年から 15 年の歳月をかけて延長 30 km に及ぶ建設が行われた。しかし，建設当初は処理施設がなかったので，汚濁が下流へ移されただけであり，後に処理場が建設されるまで河川汚濁に悩まされ続けていた。法制面での措置も取られており，1875 年に公衆衛生法（Public Health Act.），1876 年には河川水質汚濁防止法（River Pollution Prevention Act.）が制定されている。

　一方，有名なパリの大下水渠は 1833 年から建設が始まっている。下水渠は大断面のものは高さ 6 m，幅 4 m にも達し，上部に上水道管，電気・電話線，圧搾空気管を収納し，共同溝の役目も果たしている。

下水処理の技術開発に寄与したのは米国である。イギリスで始められた活性汚泥法を実用化し，各種の変法の研究や開発が行われた。

わが国はし尿が貴重な肥料であったことから下水道整備の必要性が薄く，本格的な建設は昭和30年代に入ってからである。近代下水道の建設は1872年に銀座大火の後，下水渠を洋風に整備したのが始めである。その後，1877年にコレラの大流行があり，下水道の必要性が認識される。幾多の計画変更を伴いながらも神田，浅草，下谷，本郷に下水道が整備され，1922年に三河島下水処理場が運転開始されている。しかし，その後は第二次世界大戦への突入，戦後の混乱と下水道の建設は中断されたままとなり，ようやく建設が再開されたのは経済が復興した昭和30年代に入ってからである。

法律面では旧下水道法が1900年（明治33年）に制定され，これにより下水道建設の責務が市町村にあることが示された。そして，建設が本格化するとともに，昭和33年に新法の制定をむかえる。新法では下水道の建設目的を『都市の健全な発達および公衆衛生の向上』としたが，その後の急速な経済の発達が水質汚濁を初めとする数々の公害を生むに及んで，昭和37年に法改定を行い建設目的に水環境保全が加えられた。

下水道の建設の歴史は当初はコレラやチフスなどの流行病との闘いであったが，現在では水環境保全にその役割は移ってきている。

・昭和初期の三河島下水処理場

第1編 上水道

東京都東村山浄水場（東京都水道局提供）

第1章 総論

1.1 上水道の目的

水は人間が生活する上で絶対に欠くことはできない。われわれは水を飲用，炊事，洗濯，入浴，掃除など家庭生活で日常的に利用するのをはじめとして，工業用水や消火用水にも利用している。現代生活では，われわれはこの水の供給の大半を水道施設から受けている。このため，**水道**（water supply）は都市において欠くことのできない重要な施設となっている。

水道は種々の目的に利用されているが，**水道事業**（water works）の目的は水道法（昭和32年）によると，『清浄にして豊富低廉な水の供給を図り，もって公衆衛生の向上と，生活環境の改善に寄与することを目的とする』となっている。

水道はその量は少ないとはいえ，人間が直接飲用として口にするものである。そのため，水道で供給される水は人間の健康に絶対に有害であってはならないし，その他の利用上，障害となるものであってもならない。水道法の「清浄」とは，このように保健衛生上支障なく，利用上も障害のない水を意味しており，水道事業はこのような水を豊富にしかも安価に供給することを目的としている。すなわち，工学的には良好な水質の水を一定以上の圧力で必要なだけの水量を供給することと考えてよい。

序論でも述べたように，現在，水道の普及率は97.1%（平成16年）に達しており，この点ではほぼ満足な水準に達していることから，今後は安全な水を

安定して供給することが大切である。

1.2 上水道の構成

「上水道」と「水道」は同義語であり，わが国の水道は水道法でつぎのように定義されている。すなわち，『水道とは，導管およびその他の工作物により，水を人の飲用に適する水として供給する施設の総体をいう』。これは水道が取水から給水栓に至るまでのすべてを総括したシステムであることを意味するが，わが国の法律では水道事業は100人以上の給水人口をもつものと定めている。さらに，このうち給水人口が5 000人以下のものを簡易水道事業として区別している。

水道はつぎの6要素から構成されている。

ⅰ) **取　水**　水源から必要な水量の水を取り入れることであり，水源の種類や状況によってその取水方法は異なる。

また，水源の水量が変動し，計画取水量の確保が困難な場合は，貯水により必要な水量を確保する。そのため，一般には貯水も取水に含めて考えている。

ⅱ) **導　水**　取水地点から原水を浄水施設まで導く施設であるが，浄水場が取水地点に隣接する場合は不要である。

ⅲ) **浄　水**　原水の水質を飲用に適するように浄化することを意味する。

ⅳ) **送　水**　浄水場で浄化した水を配水施設まで送る施設をいうが，当然のことながら，途中での汚染に対し十分な配慮が必要である。

ⅴ) **配　水**　通常，水の需要変動を吸収する配水池と，加圧施設および管網からなり，需要者に所定の水圧で必要量の水を供給する施設である。

ⅵ) **給　水**　配水管から分岐して家庭や工場内に水を引き込み，需要者に水を供給する施設であるが，この工程は需要者側で設置する。

第2章 水　　質

2.1 意　　義

　水道により供給される水は人の飲用に適するものでなければならないし，利用上障害のあるものであってもならない。具体的には，1) 病原生物を含まないこと，2) 人間にとって有毒，有害な物質を含まないこと，3) 利用上障害となる物質を含まないこと，4) 濁りや色がなく，また異臭味がないことと考えてよい。水道法では4条でこの考え方をつぎのように反映させている。

　『水道により供給される水は，次の各号に掲げる要件をそなえるものでなければならない。

1) 病原生物に汚染され，または病原生物に汚染されたことを疑わせるような生物もしくは物質を含むものでないこと。
2) シアン，水銀その他の有毒物質を含まないこと。
3) 銅，鉄，フッ素，フェノール，その他の物質をその許容量をこえて含まないこと。
4) 異常な酸性またはアルカリ性を呈しないこと。
5) 異常な臭味がしないこと。ただし，消毒による臭味を除く。
6) 外観はほとんど無色透明であること。』

　この条文を具体化したのが厚生労働省令で定める**水道水質基準**（water quality standard）である。昭和32年の水道法制定に伴い，翌33年にこの4条の6項目に対応する**水質**（water quality）項目とその許容値を定めた水道

水質基準が施行されたが，その後，水源の水質汚染が深刻化し，汚染物質も多種多様化したため，平成5年に水道水質基準が抜本的に改定され，健康に影響を及ぼすおそれのある物質に関する基準が大幅に改められた。新基準は水道法4条の各項目との対応性はなくなったが，人の健康に直接かかわる水質項目と水利用上の障害となる項目を明確に分け，項目の意味を明確化した。基準項目はすべての水道に一律に適用され，給水栓から供給される水は基準値を満足しなければならないものであるが，改定に際して基準ではないが，より質の高い水質を目指す「快適水質項目」と，水質の監視を続ける意味で「監視項目」が新設された。その後，世界保健機関（WHO）の飲料水水質ガイドラインが改定されたのを期に，平成16年にさらなる改定が行われ，原水の水質条件が各水道事業体で異なっていることを踏まえ，全国一律の水質検査義務を止め，全水道事業体に義務付ける水質項目と，事業体が状況に応じて検査を省略することができる項目に分け，項目を一新した。さらに水質基準は，「水質基準」，「水質管理目標設定項目」，「要検討項目」とし，農薬については，個々の物質について基準値を設定していたいままでとは取扱いを変え，別途に総合値として取り扱うこととした。

2.2 水質基準と水質試験

表2.1に「水質基準」，表2.2に「水質管理目標設定項目」を示す。

2.2.1 水 質 基 準

水道水に求められる基本的要件は，安全性，信頼性と，水道としての基礎的・機能的条件の確保である。前者は人の健康に対して慢性，急性の悪影響を及ぼさないことを意味し，病原生物に対して安全性が確保されていること，有毒，有害物質を含まないこと，発癌性物質等の**変異原性物質**（mutagenic substance）を含まないことと考えてよい。また後者は，異常な臭味や洗濯物への着色等，生活利用上支障をきたさないことで，色や濁り，異臭味，あるいは腐食性などが該当する。水質基準はこのような観点から，水道事業者に定期的な水質検査を義務付けるもので，現在，50項目が設定されている。また，水質

表 2.1 水道水質基準

	項　　目	基　準　値
1	＊一般細菌	100 個/mL
2	＊大腸菌	不検出
3	カドミウムおよびその化合物	0.01 mg/L
4	六価クロム化合物	0.05 mg/L
5	水銀およびその化合物	0.000 5 mg/L
6	セレンおよびその化合物	0.01 mg/L
7	鉛およびその化合物	0.01 mg/L
8	ヒ素およびその化合物	0.01 mg/L
9	シアン化物イオンおよび塩化シアン	0.01 mg/L
10	＊硝酸性窒素および亜硝酸性窒素	10 mg/L
11	＊フッ素およびその化合物	0.8 mg/L
12	ホウ素およびその化合物	1 mg/L
13	四塩化炭素	0.002 mg/L
14	1,4-ジオキサン	0.05 mg/L
15	1,1-ジクロロエチレン	0.02 mg/L
16	シス-1,2-ジクロロエチレン	0.04 mg/L
17	ジクロロメタン	0.02 mg/L
18	テトラクロロエチレン	0.01 mg/L
19	トリクロロエチレン	0.03 mg/L
20	ベンゼン	0.01 mg/L
21	＊臭素酸	0.01 mg/L
22	＊クロロホルム	0.06 mg/L
23	＊ジブロモクロロメタン	0.1 mg/L
24	＊ブロモジクロロメタン	0.03 mg/L
25	＊ブロモホルム	0.09 mg/L
26	＊総トリハロメタン	0.1 mg/L
27	＊クロロ酢酸	0.02 mg/L
28	＊ジクロロ酢酸	0.04 mg/L
29	＊トリクロロ酢酸	0.2 mg/L
30	＊ホルムアルデヒド	0.08 mg/L
31	亜鉛およびその化合物	1 mg/L
32	アルミニウムおよびその化合物	0.2 mg/L
33	＊塩化物イオン	200 mg/L
34	カルシウム，マグネシウム等(硬度)　$CaCO_3$ として	300 mg/L
35	鉄およびその化合物	0.3 mg/L
36	銅およびその化合物	1 mg/L
37	ナトリウムおよびその化合物	200 mg/L
38	マンガンおよびその化合物	0.05 mg/L
39	陰イオン界面活性剤	0.2 mg/L
40	ジェオスミン	0.000 01 mg/L
41	非イオン界面活性剤	0.02 mg/L
42	フェノール類	0.005 mg/L
43	2-メチルイソボルネオール	0.000 01 mg/L

2.2 水質基準と水質試験

表 2.1 （つづき）

	項　目	基　準　値
44	＊有機物質（TOC）	5 mg/L
45	＊味	異常でないこと
46	＊色度	5 度
47	＊臭気	異常でないこと
48	蒸発残留物	500 mg/L
49	＊濁度	2 度
50	＊pH	5.8〜8.6

注）　＊は検査省略不可項目。

表 2.2　水質管理目標設定項目

	項　目	目　標　値
1	アンチモン	0.015 mg/L
2	ウラン	0.002 mg/L
3	ニッケル	0.01 mg/L
4	亜硝酸性窒素	0.05 mg/L
5	1,2-ジクロロエタン	0.004 mg/L
6	トランス-1,2-ジクロロエチレン	0.04 mg/L
7	1,1,2-トリクロロエタン	0.006 mg/L
8	トルエン	0.2 mg/L
9	フタル酸ジエチルヘキシル	0.1 mg/L
10	亜塩素酸	0.6 mg/L
11	塩素酸	0.6 mg/L
12	二酸化塩素	0.6 mg/L
13	ジクロロアセトニトリル	0.04 mg/L
14	抱水クロラール	0.03 mg/L
15	農薬類	1
16	残留塩素	1 mg/L
17	硬度（Ca, Mg）CaCO₃ として	10〜100 mg/L
18	マンガン	0.01 mg/L
19	遊離炭素	20 mg/L
20	1,1,1-トリクロロエタン	0.3 mg/L
21	メチル-t-ブチルエーテル（MTBE）	0.02 mg/L
22	有機物質（過マンガン酸カリウム消費量）	10(3) mg/L
23	臭気強度（TON）	3 度
24	蒸発残留物	30〜200 mg/L
25	濁度	1 度
26	pH	7.5
27	腐食性（ランゲリア指数）	－1〜0

項目や基準値は，今後は逐次改定方式となり，全面改定ではなく必要に応じて改定することとなっている。

〔1〕 **病原生物に関する項目**　飲料水を媒介とする伝染病はおもに腸系伝染病である。水道水が原因で伝染病に感染するようなことがあってはならない。水道水は安心して飲めることが大前提である。腸系の疾病は腸チフス，パラチフス，コレラ，赤痢などが主であるが，ウイルスや原虫による病気も水を媒介とすることがある。水道水を媒介し，集団感染（1996年6月，埼玉県越生町）を発生させたクリプトスポリジウムは原虫の仲間である。病原生物が水道水中に存在するかどうか，考えられる病原生物をすべて検査できれば最善であるが，対象とする生物の種類が多い上，その検査方法も違い，しかも大量の試料を濃縮しなければならないため，日常的な検査方法としては一般的ではない。したがって，十分な条件で間接的にチェックを行うことにより，病原生物に対する安全性を確認している。

平成5年以前の水質基準では，硝酸性および亜硝酸性窒素，塩素イオン，有機物など（過マンガン酸カリウム消費量），一般細菌，大腸菌群の5項目を基準項目とし，検査を行っていたが，現基準では**一般細菌，大腸菌**の2項目で安全性をチェックすることとしている。

病原生物が水道原水中に入るおもな原因はヒトのし尿の混入である。そのため，し尿の混入の有無を間接的に検査することを前提に水質項目を定めている。旧基準に病原生物に関する水質項目として設定されていた硝酸性および亜硝酸性窒素は，新基準にも同じ濃度基準で設定されている。旧基準で病原生物に関する項目として取り扱われていた理由は，ヒトのし尿中には必ずタンパク質やその分解生成物であるアミノ酸が存在し，それが水域に排出されると微生物により分解されて，その中に含まれる窒素はやがては硝酸にまで酸化されるためである。したがって，窒素化合物の検査は病原生物の有無の検査に重要な意味をもつので，窒素化合物の自然水域中での循環について説明する。

（a）**窒素の循環**　タンパク質はヒトにとって欠かすことのできないものであるが，体内ですべてが分解されるわけではなく，一部は未利用のまま大便

中に排出される。未利用のタンパク質やその分解生成物であるアミノ酸は水中の微生物により分解を受け，最も低分子のアミノ酸であるアルブミノイドとなる。さらにこれも生物分解を受け，ついには無機物質であるアンモニアとなる。アンモニアは *Nitrosomonas*, *Nitrobacter* などの硝化菌の働きにより，**図 2.1** に示すように，亜硝酸，硝酸にまで酸化され，最終酸化物

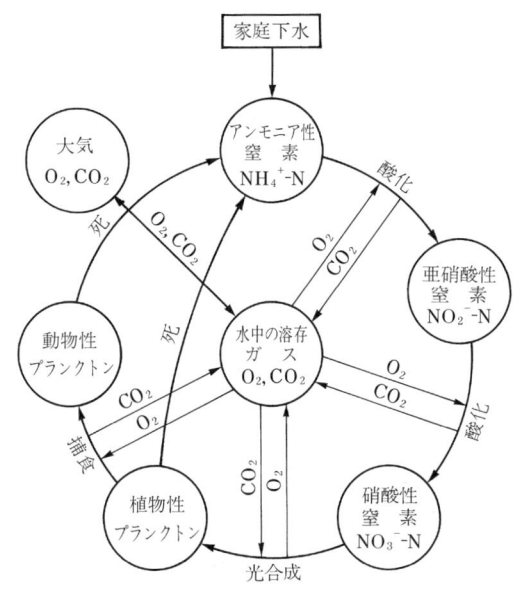

図 2.1 窒素の循環

となる。このようにタンパク質中に含まれる窒素は好気性微生物によって複雑な分解過程を経て，やがて硝酸塩となって安定するが，この窒素の形態変化に着目し，どんな形態の窒素化合物かという意味で，アンモニウム塩のものを**アンモニア性窒素**（NH_4^+-N, anmonium nitrogen），亜硝酸塩，硝酸塩を**亜硝酸性窒素**（NO_2^--N, nitrite nitrogen），**硝酸性窒素**（NO_3^--N, nitrate nitrogen）という。また無機の窒素が分子状の酸素を呼吸源とする**好気性微生物**（aerobic microorganism）によって酸化される作用を**硝化**（nitrification）といい，この菌を**硝化菌**（nitrifying bacteria）という。

硝酸性窒素にまで分解した窒素は，水中の植物プランクトンの大切な細胞の構成成分であり，植物プランクトンの体内に再び合成される。さらに，これを動物プランクトンが捕食し，それらが死ぬことによって再びアンモニア性窒素に戻り，図に示すような窒素の循環が成立する。

このため原水中にアンモニア性窒素が検出されるということは，ヒトや動物の排泄物負荷を受けて間もないことを意味し，汚染を示す重要な水質指標とな

る。しかし，後述するが，わが国の水道では塩素による消毒が義務付けられており，塩素を注入するとアンモニアはクロラミンに酸化されるため，水道水の水質基準としてアンモニア性窒素は意味をなさない。そのため，旧基準では『亜硝酸性窒素および硝酸性窒素で 10 mg/L 以下』とし，病原生物汚染の指標水質項目としていたが，旧基準の濃度基準でも，し尿による汚染の判断というよりは，乳幼児にメトヘモグロビン血症を発症させない，という健康上の理由から基準値を定めている。現基準もこの考え方を引き継いでおり，病原生物に関する項目としては主眼を置いていない。

しかし，この 3 態窒素のうち，特にアンモニア性窒素は，し尿汚染の指標として重要な意味を持つものであるから，井戸水の安全性の判定などには欠かせない指標である。

（b） 病原生物の判定　　病原生物の判定は，新基準では一般細菌と大腸菌で行っている。**一般細菌**（standard plate count bacteria）は，水中に存在する多くの細菌のうち，標準寒天培地上 36±1℃ で 24 時間培養するとき，増殖する菌を指している。特定の菌に分類されるわけでなく，多くの菌は病原菌ではないが，検出される菌は下水やし尿に由来するものが多い。汚染を受けた水は，通常基準値を大きく上回る濃度で細菌が検出されるため，汚染を疑わせる根拠となる。しかし，この試験法では従属栄養細菌の一部を検知しているにすぎないため，より広範囲の従属栄養細菌を水質項目とすべきであるとの議論もあるが，培養技術の制約から一般細菌が基準となっている。

大腸菌（*Escherichia Coli.*）は，文字どおりヒトや温血動物の腸管内に存在する菌で，検査法で検出される菌の主体が糞便性大腸菌であるため，汚染指標として重要な指標菌である。しかし，従来の試験法では，グラム陰性，無芽胞の桿菌を検出するので，大腸菌のほか，*Klebsiella* 属，*Erwinia* 属，*Citrobactor* 属などの好気性および通性嫌気性菌も検出されることから，大腸菌とは区別して**大腸菌群**（coliform group）とし，これを基準項目としてきた。しかし，現在は検出技術も向上し，大腸菌を容易に同定することが可能となったため，より厳密な大腸菌が水質項目となっている。大腸菌の多くは非病

原性であるが，腸管毒素原性大腸菌のように病原性を示すものもある。また，大腸菌は糞便中に大量に存在し，検出が容易である上，消化器系病原菌よりも水中での生存力が強く，消毒剤に対しても生残率が高いため，大腸菌が検出されなければ他の有害な病原性生物はほとんど存在しないと考えてよい。

〔2〕 **無機物質に関する項目**　無機物質はカドミウム，水銀，セレン，鉛，ヒ素，六価クロム，シアン化物イオン，硝酸性窒素および亜硝酸性窒素，フッ素，ホウ素，亜鉛，アルミニウム，鉄，銅，ナトリウム，マンガン，塩化物イオン，硬度の18項目が基準項目として設定されている。

（a）**カドミウムおよびその化合物**（Cd, cadmium）　カドミウムは公害病として認定されたイタイイタイ病の原因物質である。自然界では亜鉛とともに共存し，精錬所の排水や製造工場から水道原水中に混入する。ヒトが経口摂取すると肝臓や腎臓に蓄積し，急性・慢性中毒を引き起こす。慢性中毒では異常疲労，臭覚鈍化，貧血，骨軟化症が見られる。

（b）**水銀およびその化合物**（Hg, mercury）　水銀の有機化合物が原因で発病した公害病の水俣病は有名である。水銀には無機または有機の化合物があるが，ヒトが経口摂取すると，特に有機水銀は吸収率が高く排出されにくい。体内に吸収された水銀は神経組織や脳に蓄積し，知覚異常，言語障害，視野狭窄を起こす。水俣病は，水俣湾の魚介類が食物連鎖を通じて濃縮したメチル水銀を経口摂取したのが原因である。用途は，温度計，気圧計，水銀ランプ，電極，農薬などで広く使用されているが，現在では電気機器，計器，無機薬品などに限られている。水銀を使用している製品を廃棄する場合は，環境汚染に十分に配慮する必要がある。

（c）**セレンおよびその化合物**（Se, selenium）　用途は，整流器，X線撮影板，ガラス・陶磁器の顔料（赤色）などで広く使用されている。そのため，関連する工場排水，精錬所から水道原水中に混入する恐れがある。ヒトに対する毒性は，金属セレンは低いが化合物に非常に高いものが多い。発癌性は確認されていないが，慢性毒では皮膚障害，胃腸障害，神経過敏症，高度の貧血，低血圧症が見られるため，基準値が設定された。

（d）鉛およびその化合物（Pb, lead）　平成5年，15年と基準濃度が強化された。鉛は昔から鉛毒として知られており，蓄積性毒物である。成人が0.5 mg/L 日以上摂取すると体内に蓄積され，疲労，皮膚蒼白，便秘，腹痛，けいれんなどの中毒症状を呈する。鉛の用途は広く，電池，合金，顔料，塗料，陶磁器，ガラス，活字，農薬などがあるが，加工性に優れていることから，水道管にも用いられてきた。最近，その鉛管からの溶出が問題となり，別の管材に切り替えが進められている。

（e）ヒ素およびその化合物（As, arsenic）　ヒ素も鉛と同様に平成5年に基準値が強化された。おもな用途は，半導体，顔料，農薬，殺鼠剤，皮革の防腐剤，医薬品などの原料であるが，水道原水への混入経路は鉱山，精錬所，工場などの排水のほか，天然地層から溶出する場合もある。通常，三価と五価の化合物として存在するが，ともに毒性がある。可溶性の化合物は体内で吸収率が高く，皮膚の角化症，末梢神経症，皮膚癌等の慢性中毒を起こす。いわゆる烏足病もヒ素が原因である。

（f）六価クロム化合物（Cr^{6+}, chromium hexavalent）　自然界では三価と六価で存在することが多いが，毒性は六価のほうが強い。また，水道では三価のクロムも塩素で六価に酸化されるため，六価が基準化されている。用途は，合金材料，めっき，電池，皮革なめし，木材防腐剤などであるが，ヒトの体内に曝露されると消化管から少量が吸収され，嘔吐，下痢，口渇，腸カタルなどの急性毒性を示し，慢性化すると肝炎や鼻中隔さく孔などを発症する。水道原水にはめっきや皮革なめし工場の排水から混入する。

（g）シアン化物イオンおよび塩化シアン（CN^-, cyanide）　シアンはシアン化物イオンまたはシアン化合物を指すが，シアン化合物の毒性の強さはよく知られている。自然水中にはほとんど存在せず，水道原水中への排出源はめっき工場，金銀精錬，写真工業，コークス，ガス製造業排水等である。ヒトに曝露されると急速に粘膜から吸収され，全身窒息症状を起こし，死に至る場合がある。通常の浄水処理では除去できないため，原水中に混入した場合は取水停止で対応するしかない。いままでに多くの原水汚染事故例がある。

（h） 硝酸性窒素および亜硝酸性窒素（nitrate and nitrite nitrogen）　自然界の窒素循環については前述した。工業製品としては，肥料，火薬製造，ガラス製造，蓄熱媒体，食品添加剤として使用されている。特に最近では施肥に由来する地下水汚染が深刻化している。ヒトに対する影響は，硝酸性窒素が生体内で還元菌の働きで亜硝酸性窒素に還元され，それが血液中のヘモグロビンと反応し，メトヘモグロビンを生成する。これは酸素の運搬機能がないのでチアノーゼ症を起こす。しかし，硝酸性窒素の還元が生じるのは胃酸の pH が 4 以上と高い乳幼児に限られ，特に 6 か月未満にこの傾向が強い。成人は，胃酸の pH が 2～3 と低いため，還元が生ぜず，影響がない。

（i） フッ素およびその化合物（F, fluoride）　鉱山排水，工場排水のほか，地質由来で自然水中に含まれる場合もあるが，多くは地下水中に含まれている。フッ素は，摂取量がある量以下であれば歯のホーロー質を強くし，虫歯予防に効果があるが，それ以上摂取すると斑状歯という病気になる。この限度は食習慣によって異なるため，一概には決められないが，わが国の基準では 0.8 mg/L としている。

（j） ホウ素およびその化合物（B, boron）　金属表面処理剤，ガラス工場がおもな排出源であり，自然要因では温泉水に含まれることが多く，海水には 4.5 mg/L 程度含まれている。摂取すると，嘔吐，腹痛下痢，皮膚紅疹などの原因となる。海水淡水化の場合は特に注意する必要がある。

（k） 亜鉛およびその化合物（Zn, zinc）　自然水中に含まれることは少なく，原水中に検出される場合は，工場排水か鉱山排水が原因である場合が多い。しかし，遊離炭酸を多く含んだ水でない限り，亜鉛は白い沈澱物をつくるため，水道原水中にまで流出することはまれでトラブルになることはほとんどない。給水栓から亜鉛が検出される場合は，ほとんどが地下水を水源とする水道で，遊離炭酸を含む水に亜鉛引き鋼管から炭酸水素塩で溶出する場合である。亜鉛は生体必須元素で健康上はほとんど問題がなく，基準値は着色と味から決められている。

（l） アルミニウムおよびその化合物（Al, aluminium）　地球表層部に

存在する金属では最も多い元素である。浄水処理で使用される凝集剤の主成分であり，その他家庭用品や電気用品，建築用資材に広範囲に使用されている。アルミニウムは，透析痴呆症やアルツハイマー病などの神経性疾患との関係が疑われているが，危険説，否定説があり，その毒性は明らかでないが，ヒトにとって必須の元素ではない。基準値は変色を理由に設定している。

　（m）　**鉄およびその化合物**（Fe, iron）　火山性の土壌には鉄が多く含まれており，地下水中には浸透中に炭酸水素第一鉄として溶解することが多い。これは浸透水中の溶存酸素が土壌中の微生物に利用され，その結果生じた二酸化炭素が鉄と反応して溶解性の炭酸水素塩または炭酸塩となるためである。このため，地下水を水源としている水道では，原水中の鉄濃度が基準値を上回って溶解していることがある。また，貯水池で夏期湖水が成層化されると，底層水が無酸素となり，還元状態になるため，地底から鉄が溶出しやすくなる。また，泥炭層などでは鉄が有機化合物として溶解していることがある。このように，水道原水中に鉄が基準値以上に溶解している可能性は非常に高いが，基準値は，不溶性の水酸化鉄や酸化鉄が"赤い水"の原因となるため，着色の観点から定められている。鉄は，原水中に含まれているほか，給・配水管から溶出する場合もある。鉄管はモルタルや塗料で内部をライニングしてあるが，管更新や配水系統の変更工事により，管内によどんでいた水が流出すると，赤水障害を引き起こす場合がある。また，管内に鉄バクテリアが発生すると，鉄を溶解させトラブルが生じる。

　（n）　**銅およびその化合物**（Cu, copper）　銅が水道原水中に検出される場合は，鉱山排水か工場排水が原因である場合が多い。貯水池で用いた殺藻剤か給水管からの溶出もある。昔は銅に毒性があると考えられていたが，それは銅に含まれる不純物による毒性を誤って銅の毒性としたものであり，基準値は着色・着臭防止の観点から決められている。

　（o）　**ナトリウムおよびその化合物**（Na, natrium）　水道原水に混入する起源は，海水の混入，風送塩，顔料・染料・パルプなどの工場排水である。毒性はなく，味覚から基準値が決められている。

（p） **マンガンおよびその化合物**（Mn, manganese）　マンガンは鉄とよく共存し，鉄を含む原水にはマンガンも含まれることが多い。マンガンの酸化物は"黒い水"の原因となり，洗濯時に布に黒の斑点をつけるなど，水利用上の障害を引き起こす。また，マンガンは鉄と異なり，健康障害も発生するが，基準値は着色障害から決められている。

（q）　**塩化物イオン**（Cl^-, chloride）　水道では塩化物イオンを塩素イオンと呼ぶ習慣があったため，以前の項目名は塩素イオンであった。また，以前は「病原生物に関する項目」でし尿汚染の指標であった。病原生物に関する項目として指定されていた理由は，し尿には必ず塩化物イオンが含まれるためで，し尿汚染の有無の判定に欠かせないためである。しかし，基準値は汚染判定ではなく水の味の観点から定められている。

（r）　**カルシウム，マグネシウム等硬度**（hardness）　水道原水中の硬度はおもにカルシウム，マグネシウムのイオン量によって決まる。そのため，この量を炭酸カルシウム濃度に換算して基準値としている。硬度は主として地質に由来し，わが国では一般的に硬度の低い原水が多いが，地下水には高いものも見られる。硬度が高い水を硬水といい，逆に低い水を軟水というが，両者に濃度による明確な基準はない。硬度が高いと例えば石鹸の泡立ちが悪いなど，水利用上差支えがあるほか，味にも影響する。硬度は炭酸カルシウムのように炭酸水素塩や炭酸塩によるものとそれ以外の塩によるものがある。前者を炭酸塩硬度といい，また煮沸すると酸化物になり，沈澱物として除去されることから，一時硬度ともいう。これに対し，後者は塩化物のように容易に除去できない硬度であり，非炭酸塩硬度または永久硬度という。基準値は味覚および利用上の観点から決められている。

〔3〕　**有機化学物質に関する項目**　有機化学物質は一部が暫定基準として通知されていたが，基本的には平成5年の改定で新設された水質項目である。化学工業の発達は目覚ましいものがあり，われわれの生活にきわめて便利な商品が供給され，快適な生活が送れるようになったが，反面それを支えるために多くの化学物質が製造され，環境汚染が生じている。これら化学物質のいくつ

かは，体内に入ると発癌を誘発したり，神経障害や肝臓障害を引き起こすと考えられている。水道原水中にもこのような有害な化学物質の混入が考えられ，安全性が脅かされているため，基準値が設定された。

（a）　**四塩化炭素**（CCl_4, carbon tetrachloride）　おもな用途はフロンガスの原料やエアゾル用噴射剤，金属洗浄用溶剤などに使用されている。肝臓や腎臓それに神経障害を起こすし，発癌性も確認されている。

（b）　**1,4-ジオキサン**（$C_4H_8O_2$, dioxane）　おもな用途は塗料溶剤，合成皮革・医療薬・農薬の反応溶剤，塩素系溶剤の添加剤であり，発癌性があり，肝臓・腎臓に障害を引き起こす。オゾンの直接酸化では分解できず，OHラジカルでは分解可能である。わが国では，地下水に検出例がある。

（c）　**1,1-ジクロロエチレン**（$CH_2=CCl_2$, 1,1-dichloroethylene）　おもな用途はポリ塩化ビニリデン樹脂や食品用ラップの原料である。肝機能障害を起こす。トリクロロエチレンやテトラクロロエチレンの分解産物であり，地下水汚染が主である。変異原性が確認されており，発癌性がある。

（d）　**シス-1,2-ジクロロエチレン**（$CHCl=CHCl$, *cis*-1,2-dichloroethylene）　熱可逆性樹脂の原料や染料抽出剤に使われるほか，おもな用途は多くのほかの溶剤と混合し，溶剤として利用される。高濃度で麻酔作用があり，肝臓，腎臓障害を起こす。また，トリクロロエチレンやテトラクロロエチレンの分解産物でもある。

（e）　**ジクロロメタン**（CH_2Cl_2, dichloromethane）　おもな用途は抽出剤，塗料剝離剤等である。大気中ではすみやかに分解するが，地下水中では長期間残留する。地下水の検査では検出例が多い。高濃度に暴露すると麻酔性があるが，基準値は発癌性を考慮して決められた。

（f）　**テトラクロロエチレン**（$CCl_2=CCl_2$, tetrachloroethylene）　通称パークレンと呼ばれ，ドライクリーニング洗浄剤，金属洗浄用溶剤に広く使われており，フロン113の原料でもある。地下水中では長期間残留するため，水道原水での検出例も多い。めまい，頭痛，黄疸などの症状が出て，肝機能障害，神経への影響が認められ，発癌性が確認されている。

（g）**トリクロロエチレン**（CHCl＝CCl$_2$, trichloroethylene）　通称トリクレンと呼ばれ，パークレンとならんでドライクリーニング洗浄剤，金属洗浄用溶剤に広く使われており，地下水における水道原水中での検出例が多い。特に，ハイテク関連工場から流出したトリクレンが地下水中を汚染している例が目立つ。分解すると，ジクロロエチレンや塩化ビニルになる。また，テトラクロロエチレンの分解物として生成することもある。嘔吐，腹痛，意識障害を起こし，発癌性が確認されている。

（h）**ベンゼン**（C$_6$H$_6$, benzene）　合成ゴム，合成皮革，有機顔料，合成繊維の製造に使用される。ガソリンの燃焼が主要な発生源である。めまい，不快，嘔吐，頭痛，昏睡を引き起こし，致命的な中枢神経系抑制を引き起こし，強い発癌性がある。わが国では地下水中の検出例が多い。

〔4〕**消毒副生成物**　水道原水中に含まれる有機物質が，消毒剤などの浄水用薬品と反応し，生成する物質を**消毒副生成物**（disinfection byproduct）というが，その中には**トリハロメタン**（trihalomethane, THM）のように発癌性が確認されたものがあり，大きな社会問題となっている。

（a）**クロロホルム**（CHCl$_3$, chloroform），**ジブロモクロロメタン**（CHBr$_2$Cl, dibromochloromethane），**ブロモジクロロメタン**（CHBrCl$_2$, bromodichloromethane），**ブロモホルム**（CHBr$_3$, bromoform），**総トリハロメタン**（trihalomethanes）　トリハロメタンとはメタンの中の水素三つがハロゲンと置き代わったハロゲン化物の総称であり，THMと略称される。ハロゲンにはフッ素，塩素，臭素，ヨウ素，アスタチンの5元素があるが，消毒剤は塩素または塩素化合物を用いるので，塩素が結合したTHMはどの水源でも生成の可能性がある。また，原水に臭化物イオンが存在する場合や，消毒剤に次亜塩素酸ナトリウムを使用する浄水場では，不純物として臭化物イオンが存在するため，この場合は臭化物イオンの化合物が生成する場合がある。

水質基準では，塩化物イオンが三つ化合したクロロホルム，臭化物イオン二つと塩化物イオン一つが化合したジブロモクロロメタン，臭化物イオン一つと塩化物イオン二つが化合したブロモジクロロメタン，臭化物イオンが三つ化合

したブロモホルムの4形態のトリハロメタンと，その合計で示す総トリハロメタンが規定されている。

THMはフミン質，タンパク質，アミノ酸，藻類およびその残渣等が前駆物質となり生成するが，生活排水や工場排水中に含まれる物質のほかに，天然由来の有機物が前駆物質になる場合も多い。前駆物質の評価は一定条件下で塩素と反応させ，生成したTHMを測定し，その強度を判定する**トリハロメタン生成能**（trihalomethane formation potential, THMFP）を指標として用いている。

水道原水中に臭化物イオンが混入する原因は，海水が混入するか工場排水である。

（b）**クロロ酢酸**（$CH_2ClCOOH$, chloroacetic acid），**ジクロロ酢酸**（$CHCl_2COOH$, dichloroacetic acid），**トリクロロ酢酸**（CCl_3COOH, trichloroacetic acid）　トリハロメタンと同様に塩素剤がフミン質やトリクロロエチレン，テトラクロロエチレン，EPNなどの化学物質と反応し，生成する。また，医薬品や殺菌剤としての用途もある。発癌性があり，今回の改定で基準化された。

（c）**臭素酸**（BrO_3^-, bromate）　原水汚染の進んだ水道では，かび臭などの異臭味対策やトリハロメタン前駆物質除去などを目的としてオゾン処理を導入しているところが多い。これはオゾンの持つ強い酸化力で有機物質を酸化分解することを期待する処理方法であるが，原水中に臭化物イオンが存在すると酸化され臭素酸が生成する。また，消毒剤に次亜塩素酸ナトリウムを使用する場合，副生成物として臭素酸が混入する。臭素酸には強い発癌性が指摘されており，今回の改定で基準が新設された。

（d）**ホルムアルデヒド**（CH_2O, formaldehyde）　塩素処理やオゾン処理による副生成物であり，発癌性が確認されている。オゾン処理は強い酸化力を有するが，フミン質などの有機物質のすべてを炭酸ガスと水にまで完全に無機化することはできない。そのため多くの副生成物を生ずるが，なかには健康影響を及ぼすことが知られている物質もある。アルデヒド類もオゾン処理の副

生成物の一つである。塩素処理では，遊離塩素とフミン質が反応して生成する。また，合成樹脂や染料製造工場の廃水や土木工事の薬剤などにも含まれる。

〔5〕 **その他**　水道水は飲料水のほかに，風呂，洗濯，トイレ洗浄水，厨房等，多くの用途に使用される。使用水量としては飲料水以外のほうが圧倒的に多い。したがって，『清浄』は飲料水以外についても重要な課題である。そのため，基準値では上記項目のほかに12項目の基準値を設けている。

（a）**陰イオン界面活性剤**（anionic surfactant），**非イオン界面活性剤**（non-ionic surfactant）　界面活性剤は合成洗剤や乳化剤の主成分として使われている。水に溶かしたとき，親水基の性質で陽イオン，陰イオン，非イオンに分類される。かつては陰イオンが主体であったが，最近は非イオン系のものも多く使用されるようになった。もちろん，自然水中には存在せず，原水混入の原因は，家庭排水や工場排水の流入が主因である。健康影響に関しては無害説と有害説があり，無害説は通常の使用濃度ではヒトの健康に影響はないとしているのに対し，有害説はマウスの実験結果から催奇形性があるとしている。また，分解物であるアルキルフェノールに**内分泌攪乱化学物質**（endocrine disrupting chemical）としてのエストロゲン作用が疑われている。基準値は発泡限界から定められており，給水栓からの水が泡立たない限界値で決められている。

（b）**ジェオスミン**（$C_{12}H_{22}O$, geosmin），**2-メチルイソボルネオール**（$C_{11}H_{20}O$-2-methylisoborneol, MIB）　両物質とも**かび臭**（musty odor）の原因物質である。*Anabeana*, *Phormidium*, *Oscillatoria* などの藍藻類や放線菌が産生し，水道原水に混入する。ごく微量で感知され，ヒトの閾値は5〜10 ng/L であるが，バラツキが大きい。通常の浄水処理では除去が困難で，オゾンによる酸化処理か活性炭による吸着処理が有効である。

（c）**フェノール類**（phenols）　ベンゼン環，ナフタリン環，その他芳香族の環に結合する水素が水酸基で置換された物質の総称であるが，基本化合物はフェノール（石炭酸）やその誘導体のクレゾールである。天然水中には存

しない。水道原水への流入は，コークス・ガス工業，薬品・染料の製造工場，アスファルト舗装道路などが原因となる。ヒトに対する健康影響は組織への腐食作用，粘膜炎症，嘔吐，けいれん等で，中枢神経に毒作用を及ぼす。フェノール類は，消毒剤の塩素と化合してクロロフェノールを生成し，きわめて不快な臭味をつけることから，低濃度の基準値が定められている。

（d） 有機物等（TOC）（organic substances（total organic carbon））　この項目は，以前は病原生物関連項目であり，水中の有機物質の指標であった。評価法は，水中の有機物質の一部は過マンガン酸カリウムで酸化され，無機化されるため，その消費量を基準値としていた。しかし，近年は有機物質に必ず含まれる炭素濃度を直接測れるため，今回の改正で測定法が改められた。直接の健康影響はないが，フミン質などは消毒副生成物の前駆物質となるため，総体的な原水の良否を判断するには良い指標になる。

（e） 蒸発残留物（total residue）　水に含まれる不純物の総量を意味する。100〜110℃で乾燥させての蒸発残渣であるため，この温度でも揮散しない物質の濃度を表している。衛生学的な意義は低いが，不純物の総量を知ることができる。基本的にはこの水質値は低いほど良質の水といえる。基準値は味覚から定められている。

（f） 味・臭気（taste, odor）　味と臭気は不可分であり，臭気があれば味も不快となる場合が多い。臭味はヒトの感覚に訴えるだけに定量的な基準値を設けることが難しいため，「異常でないこと」と定性的な表現になっている。水道では藻類に由来する臭気，工場排水，化学薬品の流入に起因するものなどがあり，異臭味の発生が事故の信号になる場合もある。

（g） 色度（color）　自然水が着色するのはフミン質によることが多い。そのため，白金 1 mg/L およびコバルト 0.5 mg/L がつける色相を色度 1 度と定義している。フミン質のほかには，下水，排水に由来するもの，鉄・マンガンの酸化で生ずるものもある。溶解性やコロイド性物質の場合は沪過などでは除去しにくい。

（h） 濁度（turbidity）　自然水には種々の懸濁質が流入し，濁りを呈す

るが，水道原水の濁りの多くは土壌に由来することが多い。濁りは利用上不快感を与えるばかりでなく，不純物の存在を示しているわけであるから，その除去は重要である。水道の浄水システムはこの濁度で測定される懸濁質の除去に最大の努力をしているといっても過言ではない。濁度は精製カオリン（白陶土）1 mg/L が示す濁りを1度と定義している。一時はクリプトスポリジウムとの関係から，沪過池の流出水の濁度を 0.1 度以下に管理することが求められた。

（i） **pH 値**（potential hydrogen）　水は一部がイオン解離し，水素イオンと水酸化物イオンになっている。純水中ではそのイオン積が 10^{-14} mol/L (22℃) であることから，水素イオン濃度 10^{-7} mol/L がちょうど等濃度である。pH は，水素イオン濃度の逆数の対数値をとって示すので，pH 7 が中性となり，値が低いほど酸性となる。pH が高いと塩素消毒の効果が低下し，味にも影響する。また，低いと腐食性が増したりする影響がある。鉛管からの鉛の溶出を防ぐためには，pH を高めにするほうが有利である。ヒトの健康影響は直接的には確認されていないが，中性値からずれると利用上さまざまな障害となるため，基準では pH の範囲を定めている。

2.2.2　水質管理目標設定項目および要検討項目

水質基準は水道法4条に基づき設定されるものであるから，毒性評価や利用上の障害が明確で，かつ原水に広範囲に高頻度で検出する恐れのある物質について規定している。しかし，基準化されない物質でも原水中に混入の可能性があり，健康影響が懸念される物質もあるところから，省令では基準以外に水質管理目標設定項目を定め，水道水質管理上の留意を喚起している。これはWHO が示した"10-fold　concept"の考え方に基づくもので，基準化はWHO 指針値の 1/10 を超えて検出の恐れのある物質を基準化するという考え方に基づいている。水質管理目標設定項目は，旧監視項目で検出濃度が 1/10 には満たないが，数％程度の検出濃度が見られるものを中心に設定されており，無機物質，有機化学物質，消毒副生成物など，27 項目が設けられている。

基準項目や水質管理目標設定項目以外の物質で，毒性評価が定まらないか浄

水中の存在量が不明の物質で健康影響が懸念される物質については，要検討項目として整理されている。これに分類される項目は，今後，常設される審議会で検討が行われるものと考えてよい。

2.2.3 農　　　薬

農薬は，改定以前は基準項目や監視項目として毒性に応じてそれぞれ個別に濃度基準が定められていたが，地域により発生する病害虫に違いがあったり，生産品目が違うなど，使用農薬に地域性が高く，各地で使用実態が異なったり，新製品の開発により別種への切り替えが進むなど，一律の規定が困難な実態があった。そのため，総農薬方式を原則とし，特に個別で基準化を必要とするもの以外については，次式により評価し，水質管理目標設定項目とした。

$$DI = \sum_i \frac{DV_i}{GV_i} \tag{2.1}$$

ここに，DI は検出指標値，DV_i は農薬 i の検出値，GV_i は農薬 i の目標値である。管理指標は DI が 1.0 を超すかどうかが目安であり，検出値に応じて活性炭の注入など適切な手段を講じることが義務付けられている。また，対象とする農薬は，殺菌剤，殺虫剤，除草剤など，現在 101 種が管理目標値とともにリストアップされているが，どの農薬について測定するかは各水道事業体がその地域の状況に応じて適切に選定することとなっている。

2.3　今後の課題

水源水質の汚染問題は年々深刻さを増しており，新たな健康影響物質の検出が続いている。水道水質基準は，今後は食品の安全性にリンクし，必要に応じて項目の見直しが行われることになっており，従来のように暫定基準で対応する必要はなくなった。しかし，まだ健康影響が明白でない物質があり，これらについては早急に検討を進め，基準化を急ぐ必要がある。例えばアルミニウムはアルツハイマー病との関連が指摘されているが，明白な根拠がない。アルミニウムは水道用薬品として使用されているだけに大きな問題であるし，内分泌攪乱化学物質への対応も必要であろう。さらに，健康影響は明白であるが，技

術的な理由から基準化が見送られている放射性物質や病原性ウイルス，塩素消毒が有効に働きにくいクリプトスポリジウムやジアルディア等の原虫への対応も重要である。また，同時に健康リスクに対する考え方を整理し，安全性とはなにかについて考え直すとともに，今後は特定の物質に対しての安全性の評価と複数の物質の相互作用，相加作用についても考慮する必要がある。すなわち，今後は単一物質の濃度基準に代わり，総括的に健康リスクを表現することのできる方法を検討していく必要があると考える。

第3章 上水道基本計画

3.1 計画年次と計画給水区域

　公共事業はすべてまず基本計画が策定され，それに基づいて順次必要な施設が具体化されてゆく．すなわち，**基本計画**（master plan）は全体の施設規模を決定するのが目標であり，全体に無駄のない効率的な施設の完成を目指すものである．

　具体的な策定手順は**図3.1**に示してあるが，基本計画の良否は直接的に投資と効果に関与するわけであるから，その策定に当たっては十分な基礎調査と慎重な解析が必要である．

　基本計画策定は図に示すようにまず**計画年次**（design period）と**計画給水区域**（design service district）の決定から始まる．水道の基本計画の基礎は水源の選定と施設規模の決定にあり，この両者はたがいに密接な関連があるので，それに直接影響を及ぼす計画

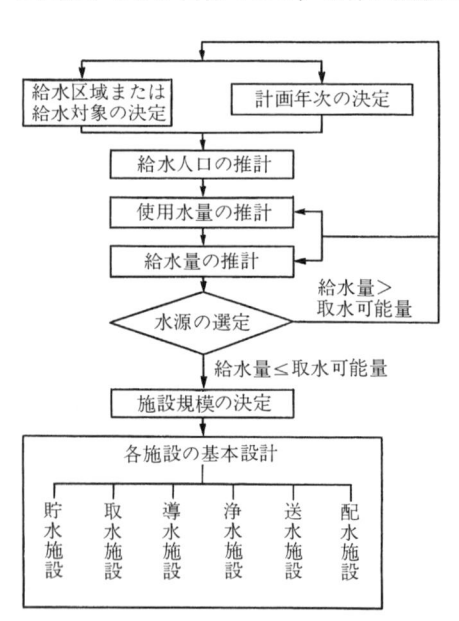

図3.1 水道基本計画の策定手順（「水道施設設計指針（2000）」（日本水道協会）より）

年次と給水区域の決定はたいへんに重要である。

　都市の人口や産業は転入，転出を繰り返し，つねに変動している。一方，水道施設は半永久的に使用される施設であり，一定の規模をもつものであるから，簡単には人口や産業規模の変動を吸収できない。その意味では計画年次はできるだけ長期にわたるほうがよいともいえるが，反面人口や産業規模の変動を長期にわたって精度よく予測することは不可能である。また，かりに精度の良い予測が可能であったとしても，計画年次が長期となると施設規模が大きくなり，初期の建設費が増大して償却費が大きくなり，投資効率の低下を招くため過剰投資にもなりかねない。逆に計画年次が短期すぎれば，建設計画が完了してもすぐにも施設不足を生じ，すぐ新たな建設を要するという事態にもなりかねない。このように計画年次の決定は水源の確保や建設費，維持管理費，耐用年数，あるいは都市の発展過程の状況やつぎの計画の難易性に左右されるが，わが国では10〜15年先を計画年次とすることが多い。

　計画給水区域とは計画年次までに給水を開始する区域をいう。これは換言すれば水道事業者は計画給水区域を決定した以上，計画年次までに水道を給水する義務をもつことになる。したがって，建設費の確保の難易性や建設計画を十分考慮した上で決定する必要があるが，その際，微視的な観点からでなく，巨視的，広域的な観点から給水区域を決定することが肝要である。

　わが国の水道普及率はすでに97％に達しており，現在では新たに水道施設を建設することはほとんどない。しかし，水道事業は中断や廃止は許されず，事業を持続し，安定した給水を行うことが重要な使命である。そのためには定期的に施設を更新し，災害時でも給水が確保できる施設を構築していくことが求められる。このためには，基本計画値を定期的に見直し，広域化なども視野に入れ施設規模を見直していく必要がある。

3.2　計画給水人口

　計画給水人口（design population served）とは計画年次において計画給水区域内で給水を受ける定住人口に給水普及率を乗じたものをいう。この中には

原則として観光人口や昼間流入人口などは含まれていない。これはこのような不定の人口は正確に推定することが困難なためであり，普通はこれらの要素は次項に説明する計画給水量原単位に含めて検討する。

計画年次における給水人口はその年次における行政人口の推定を行い，それに基づいて計画給水区域内の人口を求めることで推定する。都市の行政人口の変動は人の生死による自然要因と，転出入により人が都市間を移動することによる社会的要因とにより生じている。しかも，一般的には社会的要因が自然要因を上回ることが多く，人口の転出入はその都市の位置的条件および周辺都市との関連，交通事情，景気などの社会情勢，あるいは地価や開発行為に大きく左右されるため，行政人口を精度よく推定することはなかなか難しい作業である。

人口の変動が過去において比較的なめらかであり，今後も大きく人口変動に与える要因に変化がないと予測される場合には，普通は過去の人口の動向をそのまま関数化し，トレンドで求める方法が採用される。

その関数化の方法としてはつぎのものがある。

ⅰ） **年平均人口増加数を基とする方法**　　過去の人口の動向が毎年一定数で増加する傾向にある場合に採用されるもので，次式で示される。

$$P_t = P_0 + qt \tag{3.1}$$

ここに，P_t は t 年後の人口，P_0 は基準年の人口，q は年平均人口増加数，t は基準年からの年数である。

一般に q の解析は最小二乗法により求めるが，この方法は人口の変動が少ない都市に適合性がよい。

ⅱ） **年平均増加率を基とする方法**

$$P_t = P_0(1+r)^t \tag{3.2}$$

ここに，r は年平均増加率である。

人口が一定の割合で増加し続けている場合に適用するが，t があまり大きい場合は推定値が過大になる傾向があるので注意を要する。

ⅲ） **修正指数曲線式を基とする方法**

$$P_t = P_0 a^t + K(1-a^t) \quad (3.3)$$

ここに，K は飽和人口，a は定数である。

図 3.2 に示すように，人口は飽和値 K に漸近する曲線をもつ。したがって，すでに発展期を過ぎた大都市に適合する。

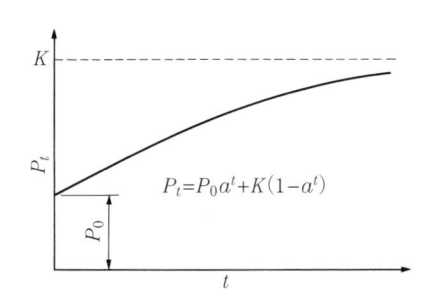

図 3.2 修正指数曲線による人口予測

iv) **べき曲線式を基とする方法**

$$P_t = P_0 + At^a \quad (3.4)$$

ここに，A, a はともに定数である。

図 3.3 に示すように，$a>1$ では人口は下に凸の曲線で増加し，$0<a<1$ では人口は上に凸の曲線となる。$a=1$ では式 (3.4) は式 (3.1) となり，年平均増加数が一定の場合と同じになる。このように本方法は比較的広い範囲に適用が可能である。

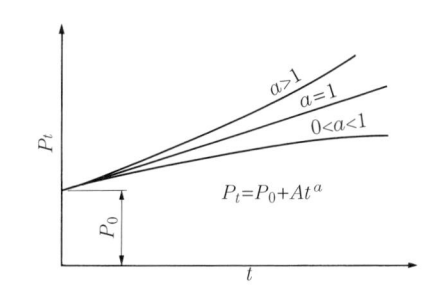

図 3.3 べき曲線による人口予測

v) **ロジスティック曲線式を基とする方法**

$$P_t = \frac{K}{1+\exp(a-bt)} \quad (3.5)$$

ここに，a, b は定数である。

人口の増加が徐々に生じた後，急激な人口の増加をむかえ，やがて増加率が漸減しながら飽和値に収束する傾向を与える式で，ほとんどの都市の人口はこの式で表されることが多い（図 3.4）。定数の算定には通常，最小二乗法を用

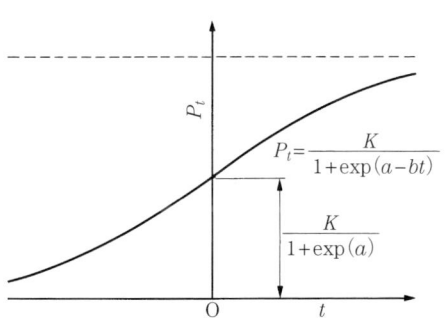

図 3.4 ロジスティック曲線による人口予測

いることが多いが，一般的に飽和値 K を推定するのが困難である．

人口の増加が過去の変動と同じ要因で今後とも支配されると推定できる場合は，以上の方法で人口を推計することが可能であるが，社会的要因が自然要因を大きく上回り，過去の動向と違った原因の変動が予測される場合には，人口の推計法に別の工夫を加える必要がある．例えば，出生数，死亡数，転入数，転出数というように人口変動を要因別に分けて推定項目を設け，土地利用の状況などと関連付けながらそれぞれの項目別に予測を行うという方法もある．

3.3 計画給水量

計画給水量（design water supply）は計画年次における給水量をいうが，これは水道施設の規模を決定する基本数値である．計画給水量は，計画給水人口に**計画給水量原単位**（unit of design water supply amount）を乗じて求めるが，原単位はかなりの将来について予測するため，水道の個々の使用目的を十分に検討した上で決定する必要がある．

3.3.1 用途別給水量

水道は，**表 3.1** に示すように家庭に給水される生活用水や業務・営業用水，工場用水，その他に大別される．観光都市などの特定の都市を除けば，通常，最も使用割合が高いのは生活用水である．これは家事用と家事兼営業用に分かれるが，家事兼営業用とは店舗付き住宅等で使用されるもので，家事用と営業用の区分が難しいものを指す．この営業用水の割合は都市規模や昼間人口の多寡にも影響される．生活用水は 1990 年ごろまでは生活水準の向上や内風呂の増加，水冷式クーラーや自動車の普及，下水道施設の整備などが原因で増加傾向にあったが，現在では頭打ちになっており，一般家庭で使用される水量は 250 L／人／d 程度である．これは，前記の増加要因が目立たなくなったこと，節水意識の向上，節水器機の普及などが要因である．

業務・営業用水や工業用水は都市の性格や規模によって異なる．また，水の再利用の程度や経済情勢によっても影響され，一概に平均使用水量を求めることは困難である．したがって，本用水量を求める場合には，十分な実態調査を

3.3 計画給水量

表3.1 用途別標準分類表（「水道施設設計指針(2000)」（日本水道協会）より）

大分類	中分類	小分類	摘　　　要
生活用水	一般家庭用	家事用	家事専用（一般住宅，共同住宅，共用栓）のもの
		家事兼営業用	家事専用のほか一般商店等営業用を兼ねるもの（店舗付き住宅等）
業務・営業用水	官公署用	官公署用	学校，病院，工場を除く国，地方公共団体等の機関
		公衆用	公衆便所，公衆水飲み栓，噴水等
		その他	官公署以外の非営利的施設で他の用途分類に属さないもの
	学校用	学校用	学校，幼稚園，各種専門学校等
	病院	病院	病院，産院，診療所等
	事務所用	事務所用	会社，その他法人，団体，個人の事務に使用されるもの
	営業用	営業用	ホテル，旅館，デパート，スーパー，一般営業用で住居を別にするもの キャバレー，料亭等の特殊飲食店，料理飲食店，軽飲食店 結婚式場，サウナ，バス・タクシー会社の洗車用等 劇場，娯楽場等
		公衆浴場用	
工場用水	工場用	工場用	
その他	その他	その他	船舶給水，他水道への分水等
			水道事業用水，水道メータ不感水量等

した上で，同じような規模・性格をもつ他都市の使用水量を参考にしながら決定するとよい．

　その他，臨時に使用される水として消火用水がある．これは火災時に消火栓から使用される水であり，短時間に大量の水を使用するが，使用量全体に占める割合は小さい．しかし，小規模水道では給水区域全体に影響が及ぶので，ある程度考慮しておく必要がある．

　給水水量のうち有効に利用された水量の割合を**有効率**(effective water rate)という．無効となる水量のほとんどは漏水であり，管路施設の老朽化，管種や継ぎ手，地盤条件，施工の良否，交通量の多寡により異なるが，現在では有効率は85〜95％程度である．漏水を減らせば有効率が上がり，資源の無駄遣いも防げるが，発見のための経費と便益を比較する必要がある．有効に利用され

た水量のうち料金収入につながる水の全給水量に対する割合を有収率という。すなわち，有収率は有効率よりも小さな値となるが，有効に使われた水で有収とならないものには公園で使用される水やメータの不感水などがある。

3.3.2 使用量の時間および季節変動

使用水量は季節や時間により変動する。変動の大きさは一般に都市の規模が大きくなると小さくなる傾向がある。**図 3.5** は人口規模の異なる都市について月別に給水量の変動を示したグラフである。クーラーの使用や風呂，洗濯回数の多い8月に使用量のピークが現れ，逆に気温の低い2月が極小値を示す。ピーク値は，平均値に対して 1.1～1.2 倍に達するが，日単位で見た最大値に対する平均値の割合を**負荷率**（rate of loading）という。負荷率は 1.0 に近いほうが施設の利用効率が高いことになるが，0.8～0.9 程度である。水量の変動は，貯水池の容量決定，施設の改修計画，維持管理費，料金収入などにとっては重要である。

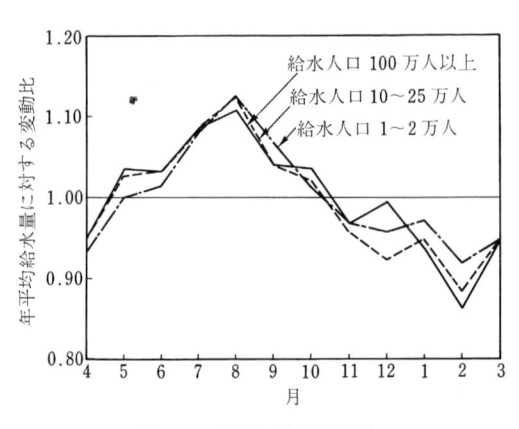

図 3.5 月別の給水量変化

一方，1日の間にも使用水量には大きな変動がある。**図 3.6** は配水規模の異なる地区の給水量の時間変動を示した図であるが，極大値は午前 8～10 時，午後 6～8 時と 1 日に 2 度現れ，午前 3～5 時が最も使用水量が少ない。この変動は人間の生活パターンからいって当然といえるが，その変動の割合は平均値に

3.3 計画給水量　37

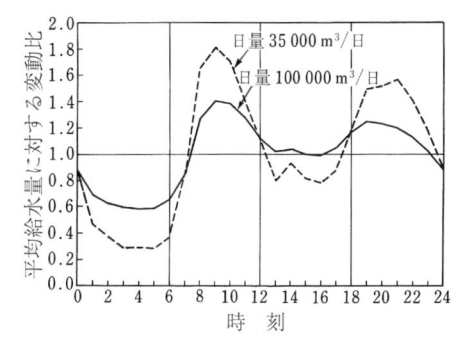

図3.6　給水量の時間変動（データは川崎市鷺沼第5配水池と宮崎配水塔より）

対して最大値では1.3～1.8倍，逆に最小値は0.3～0.6倍と大きな値を示している。

3.3.3　計画給水量原単位

家庭用水，業務・営業用水，工業用水，その他の用水あるいは漏水量まですべての水量を給水人口で除し，日量で表したものを**給水量原単位**（unit of supply amount）という。また，この計画年次における予測値を**計画給水量原単位**（unit of design water supply amount）という。

1年間に給水した総水量を給水人口で除し，日量で示したものを**1人1日平均給水量**（daily average supply per capita）という。これは維持管理費を求めるには便利であるが，施設の規模を決めるには有効な原単位ではない。水道の使用水量には季節的あるいは時間的変動があるわけであるが，水道の各施設はその変動に対しても対応できるように配慮されていなければならない。これはいい換えれば水道施設の規模は給水量の最大値によって決定される必要があるということになる。年間を通じて日量での給水量の最大値を給水人口で除した値を**1人1日最大給水量**（daily maximum supply per capita）といい，時間変動量の最大値を**1人1日時間最大給水量**（hourly maximum supply per capita）という。この二つの給水量原単位が水道施設の計画設計の基礎数値となる。表3.2は給水人口別に給水量原単位の実績を示したものであるが，給水人口規模が大きくなるほど，また南方にある都市ほど給水量原単位が大きくなる傾向がある。

第3章 上水道基本計画

表3.2 大規模水道事業における給水人口および給水量の推移
(「水道統計（平成16年度版）」（日本水道協会）より抜粋)

年度	1980	1985	1990	1995	2000	2004
東京都	10 340 532 441	10 893 513 425	10 972 528 432	10 797 505 426	11 512 435 396	12 080 422 367
横浜市	2 771 478 399	3 002 483 397	3 221 486 404	3 300 464 388	3 435 439 358	3 562 388 339
大阪市	2 558 738 583	2 634 705 546	2 613 740 579	2 595 687 567	2 599 634 533	2 633 593 495
名古屋市	2 154 513 412	2 194 531 402	2 235 533 406	2 233 528 391	2 261 496 381	2 302 455 356
神奈川県営	2 060 453 342	2 243 461 382	2 429 506 415	2 552 496 404	2 632 474 384	2 706 423 371
札幌市	1 301 345 303	1 485 376<>310	1 633 357 318	1 738 371 306	1 809 363 299	1 855 356 292
福岡市	1 062 386 318	1 137 380 314	1 211 397 333	1 259 353 303	1 324 335 300	1 376 327 292
広島市	767 491 399	922 501 388	1 061 513 403	1 103 472 382	1 145 467 365	1 172 436 345
仙台市	1 042 445 367	1 037 459 369	1 010 442 365	1 007 410 354	999 406 354	1 004 379 333
熊本市	476 506 408	511 506 426	553 476 409	628 444 385	643 417 375	652 393 355
新潟市	517 448 354	518 474 373	514 485 394	516 455 384	515 513 422	768 467 389

注) 数値は上段より給水人口〔千人〕，1人1日最大給水量〔L/人/d〕，1人1日平均給水量〔L/人/d〕

第4章 水源と取水

4.1 水源の種類と特徴

水道水源（water source）の選定は基本計画の根幹である。現在もそして将来にわたっても良好な水質の**原水**（raw water）が計画取水量を満たすだけ確保されなければならない。水質は浄水方法を決める上で重要であり、水源の位置は建設費や動力費に大きく影響する。この節では水源としての地表水、地下水の特徴についてふれることにする。

4.1.1 地表水

地表水（surface water）とは河川水，湖沼水，海水を指す。水道水源として用いられるのはこのうち河川水と湖沼水である。海水はコストの面から，わが国では特別な場合以外は用いられていない。

〔1〕**河川水** 表4.1に示すように河川水は最も主要な水源であるが、水質的には土壌に由来する粘土質などの浮遊物質を多く含んでおり、しかもその濃度変動が激しい。特に強い降雨により増水すると濁度が1000度以上に達することもある。また、市街地を流下する河川には家庭下水や工場排水が流入し、水質が下流に行くに従い悪化していることが多い。反面、1か所から大量の取水が可能であり、両面を考え合わせると河川水の取水は大規模な水道事業向きといえる。

水源を河川水に求める場合は河川水量が少なくなる渇水期でも計画取水量が確保できなければならない。しかし、水利権はほとんどの場合、すでに農業用

表 4.1 水源別水道原水取水量（平成 16 年度データより）
（計画 1 日最大取水量）

水源		計画 1 日最大取水量 $\times 10^3$ [m³/d]	構成比 [%]
地表水	河川水（自流）	14 096	19.0
	河川水(ダム放流水)	15 967	45.1
	人工貯水池（ダム）	4 407	10.0
	湖沼水	795	1.3
地下水	伏流水	2 519	3.5
	浅井戸	5 101	6.6
	深井戸	9 522	12.1
その他		1 701	2.4
合計		54 111	100.0

注）その他は湧泉水，天水

水や工業用水，その他の水道用水で占められていることが多く，新規の水利権を確保することは難しいのが現状である．そのため，新たに河川に水源を求める場合は既存の水利権との調整を図るか，またはダムの建設などにより新たな水利権をつくり出す必要がある．

〔2〕 **湖沼水と人工貯水池** 天然湖沼と**人工貯水池**（reservoir）は水質的特徴がほぼ同じである．湖沼水は河川水に比べると浮遊物質が湖内で沈澱するため懸濁質の濃度が低い．しかし，湖沼内で生産される**藻類**（algae）の影響で着色あるいは臭味のトラブルを発生する場合がある．湖沼水は気候にもよるが，冬期気温が低くなり，表層の水温が 4℃ 以下になるところでは水の密度差の関係で表層水と深層水の入れ替えが起こる．これは気温が 4℃ をはさんで変化する春と秋に起こるため，**春秋の循環**と呼んでいる．この循

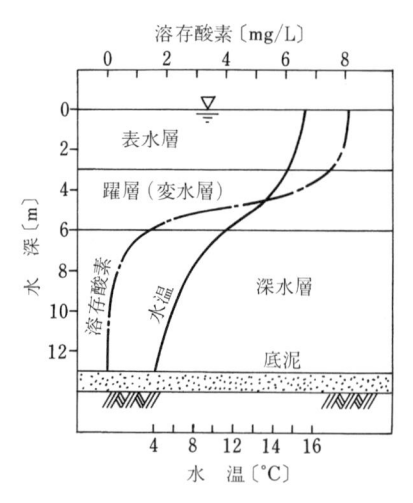

図 4.1 湖沼の夏期成層図

環期には湖底の沈積物が巻き上げられ，湖水の透明度が低下する。一方，夏期や冬期には**図 4.1** に示すように湖水は成層化する。特に夏期は安定した**温度成層**（thermal stratification）が生じ，表水層では藻類の生産が盛んに行われるが，逆に湖底付近の深水層では溶存酸素がなくなり，還元状態となるため，湖底の土壌に含まれる金属類を溶かしていることが多い。夏期成層化した湖沼水はこのように表水層と深水層で水質的に大きな違いがあるが，その中間に急激に水温の変化する**温度躍層**（mesolimnion）が存在する。したがって，水道水源として人工貯水池も含めて湖沼水を利用する場合は，取水する水深によって水質に違いがあり，浄水に大きな影響を与えるので注意を要する。

4.1.2 地　下　水

　地下水（ground water）には浅井戸，深井戸，湧泉，伏流水がある。水質は良好な場合が多く，いずれも水道水源として用いられるが，1か所から大量の取水は困難であり，大規模な水道事業には適さない。

　〔1〕**浅井戸**　　井戸（well）は，普通浅井戸と深井戸に分けているが，その定義は明確ではない。浅井戸は自由水面をもつ帯水層で，深井戸は**被圧地下水**（confined ground-water）を指すという決め方をする場合もあるが，だいたいは 30 m ぐらいを境として，それより浅い井戸を浅井戸という場合が多い。

　浅井戸の水質は地表水に比べれば懸濁質が少ないだけ良好とはいえるが，家庭下水や工場排水の影響を受けやすく，かなりの汚染を受けている場合がある。また，降雨の多寡により取水量が左右されやすく，安定した取水が困難であるため，水源としてはあまり用いられていない。

　〔2〕**深井戸**　　深井戸は浸透中に汚染物質が土壌に吸着され除去されるので，一般に水質は良好である。しかし，逆に浸透中に土壌中の金属類を重炭酸塩や炭酸塩として溶解するため，硬度が高く，金属による水質トラブルが発生する場合がある。大量の取水はできないが，水質が良好で塩素消毒だけで給水できる場合が多く，小規模水道事業に適している。

　しかし，地域によっては地下水揚水により地盤沈下が発生することがあり，

揚水量の決定に当たっては十分な配慮が必要である。

〔3〕 **湧 泉**　地下水の**帯水層**（aquifer）が地層の関係で地表に露呈し，地下水が湧出したものを**湧泉**という。これは，その帯水層が浅層か深層かで水質的にも水量的にも大きな違いがある。深層である場合は深井戸と同じ水質的特徴をもち，水源としてきわめて有効である。

いずれにしても湧泉を水源とする場合は，計画取水量の確保が可能かどうか，事前に十分調査する必要がある。

〔4〕 **伏流水**　伏流水とは河川水が河川の底部や側部の砂礫層中を流下するもので，河川水と地下水の中間に属すると考える。したがって，水質的特徴も両者の中間であり，河川水質の変動の影響を受けやすい。1か所からの取水量はそれほど大きくなく小規模水道に多く利用される。

4.2　水源の選定と管理

水源の選定は水道計画の根幹をなす。すなわち，どんなに精度のよい需要量分析や効率的な計画給水区域の設定を行っても，必要な水源が得られないかぎり，計画は実現しない。飲用水の確保は都市開発の最も基本的な要素であり，都市は人間が生活を営むところである以上，水道の必要性は必須の問題である。このことから水源の選定は水利権の確保がまず第一であり，必要な水量を将来ともにわたって確保できるかどうかが優先される。それについて工学的にはつぎの条件が要求される。

（1）　最大渇水時でも計画取水量が確保できること。

（2）　水質が良好で，経済的な方法で浄水処理ができ，将来とも汚染の恐れがないこと。

（3）　需要地に近く，導水の費用が安価なこと。

水源の管理には二つの課題がある。その一つは水量の確保であり，もう一つは水質保全であるが，水源管理の難しさは直接の管理責任が水道事業体にないことが多い点にある。わが国では河川や湖沼あるいは地下水とそれに関係する家庭下水や工場排水の管理や規制は，多くの機関にまたがり，一元化されてい

ない。そのため，水道事業体が直接行える管理の範囲は，例えば水道専用のダムや貯水池などだけでかなり限定されており，水域の汚染が進行する今日，水源の管理問題は水道事業体にとってたいへんに大きな関心事である。

水量の確保にとって大切なことの一つには**水源涵養林**（かんよう）の確保がある。森林のもつ保水能力は非常に大きく，雨水の急激な流出を防ぐだけでなく，地下水の涵養や山崩れの防止にも役立っている。しかし，都市域の拡大により，水源地域にも住宅や工場の進出が増加しつつあり，水質保全対策の意味も含めて，水源涵養林の確保はいまや重要な問題となっている。

水質保全の問題も同様である。家庭下水や工場排水の流入は浄水処理を困難にするばかりでなく，水道の安全性にも関係してくる問題であり，より深刻である。水道事業体にとって直接の管理責任や手段がないからといって，手をこまねいていないで関連機関に保全を強く働き掛けていくことが大切である。

4.3 取　　　水

4.3.1 計画取水量

計画取水量は計画1日最大給水量を基準とし，それに浄水場内の作業用水量を見込んで決める。浄水では例えば沪過池の洗浄水のように場内作業に必要な水がある。この量は，水質や浄水方法によって異なり，一概には決められないが，計画1日最大給水量の10%程度を見込んでおけばよい。しかし，消毒のみで給水できる場合や洗浄水を原水に還元する場合などはこれより減らすことができる。

4.3.2 地表水の取水

地表水の取水は想定されるどのような場合でも，良好な水質で必要な水量の確保が可能なことである。例えば，河川から取水する場合は最大渇水時や洪水時でも確実に取水でき，洪水による河相の変貌にも対応できなければならない。

〔1〕 河川から取水する場合

（a）取水堰（intake dam）　河川水を堰上げし，計画取水位を確保す

第4章 水源と取水

る。河況が洪水によって変動しやすい上流には適さず，下流域での大量取水に適している。取水地点の選定は河道が真っすぐでみお筋[1]の安定しているところがよい（図4.2）。

（b） 取水門（intake gate）　河岸に直接取水口を設ける方法であり，河川の上流部に適している。し

図4.2　取水堰（東京都利根大堰）

かし，流心が不安定な場合は無理であり，一般には下流にもぐり堰を設けて取水位の確保を図る。少量取水に用いられることが多いが，維持管理面では土砂の流入が避けられず排砂作業を必要とする。

（c） 取水管渠（intake conduit）　複断面をもつような大河川の下流部で，河岸から流心が離れている場合に適している。構造は取水口部を低水護岸に設け，図4.3に示すように管渠を用いて取水する施設である。したがって，河況が安定していることが前提であり，土砂などによって取水口が埋没したり，河床変動の激しいところには適さない。

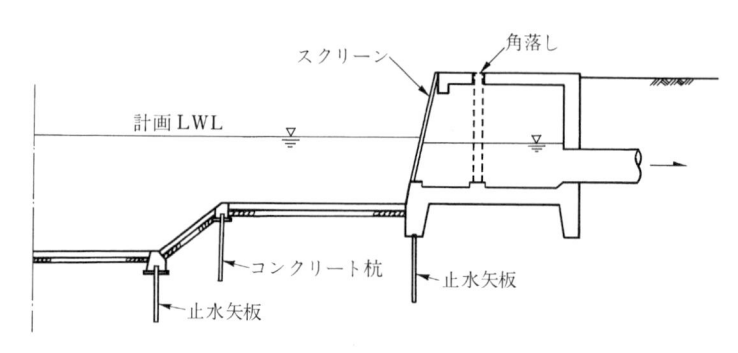

図4.3　取水管渠

（d） 取水塔（intake tower）　大河川の中・下流部に適しており，大量取水に用いられる。年間の水位に変動があっても取水口を複数設けることによ

1）みお筋とは，河川の流れの中で，船が通れるほど水深のある川筋のこと。

り対応できる。流心が不安定であったり，渇水期の水深が2m以下になるようなところには適さない（図4.4）。

（e） **取水枠**（intake crib）　比較的簡単な施設で中小河川の上中流部の少量取水に適している。流況は安定していることが望ましいが，構造上ある程度の土砂の流入は避けられず，排砂作業が必要となる（図4.5）。

〔2〕 **湖沼・人工貯水池から取水する場合**　河川の場合と同様に取水門，取水塔，取水枠が用いられる。湖沼や貯水池の場合は夏期に湖水が成層化され，水深によって水質が異なるため取水塔では取水口を複数設けて選択取水を行うのが一般的である。取水門や取水枠はこのような対応が難しいため，水質変動の影響も直接受けやすい。また，取水地点の選定や取水方法の決定は渇水期でも計画取水量が確保でき，沈積物の影響がないところを選ぶ必要がある。特に，人工貯水池の場合は水深が深くなることが多く，微生物の発生や水温分布に応じ，任意の水深から取水できる構造とすることが望ましい。

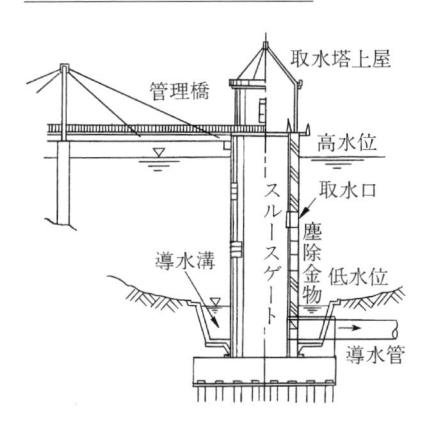

図4.4　取水塔（「水道施設設計指針（2000）」（日本水道協会）より）

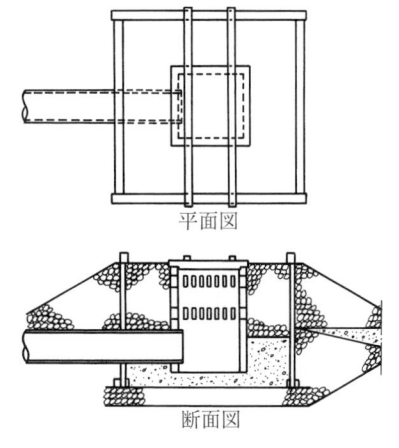

図4.5　取　水　枠

4.3.3　地下水の取水

〔1〕 **揚水試験と地下水の水理**　水源を井戸に求める場合は汚染の有無のほかに，取水可能量やほかの井戸への影響などを調査するため，揚水試験を行ってから選定する。一般的には揚水試験により，単独井か群井にするかを決

め，限界揚水量の70％以下を適正揚水量とする。

地下水の流れは一般的に層流であり，**ダルシー（Darcy）の法則**によって求められる。

$$v = kI \tag{4.1}$$

ここに，v は地下水の流速〔cm/s〕，I は動水勾配，k はダルシーの**透水係数**〔cm/s〕である。

透水係数 k は帯水層を構成する砂粒子の径によって異なるが，**表4.2**に代表的な値を示す。

表4.2 ダルシーの透水係数（「水道施設設計指針（2000）」（日本水道協会）より）

	粘土	シルト	微細砂	砂	中砂	粗砂	小砂利
d〔mm〕	0.00～0.01	0.01～0.05	0.05～0.10	0.10～0.25	0.25～0.50	0.50×1.0	1.0～5.0
k〔cm/s〕	$3×10^{-5}$	$4.5×10^{-4}$	$3.5×10^{-3}$	$1.6×10^{-2}$	$8.6×10^{-2}$	$3.4×10^{-1}$	2.8

〔2〕 **浅井戸**（shallow well）　浅井戸は浅い帯水層の自由水面地下水や河川の伏流水を取水するもので，**図4.6**のように円形または楕円形の井筒を用いる。井筒は鉄筋コンクリート製とし，側壁より集水する場合は集水孔を井戸の最低水位以下に設ける。また，底部より集水する場合は井底に硬質の砂利を90cm程度の厚さに敷いておく。また，浅井戸に管井を用いる場合は深井戸に準じた構造とする。

〔3〕 **深井戸**（deep well）　深井戸は第2帯水層より深い帯水層から取水するもので，一般的に30m以上の深さとなる。構造は**図4.7**に示すように鋼管製管井であり，取水する位置に**ストレーナ**

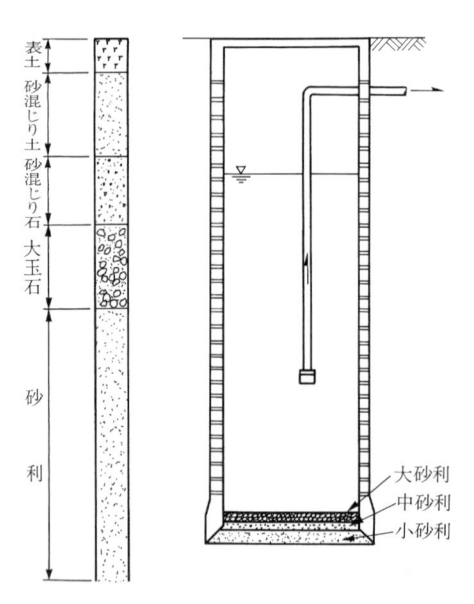

図4.6　浅井戸の構造

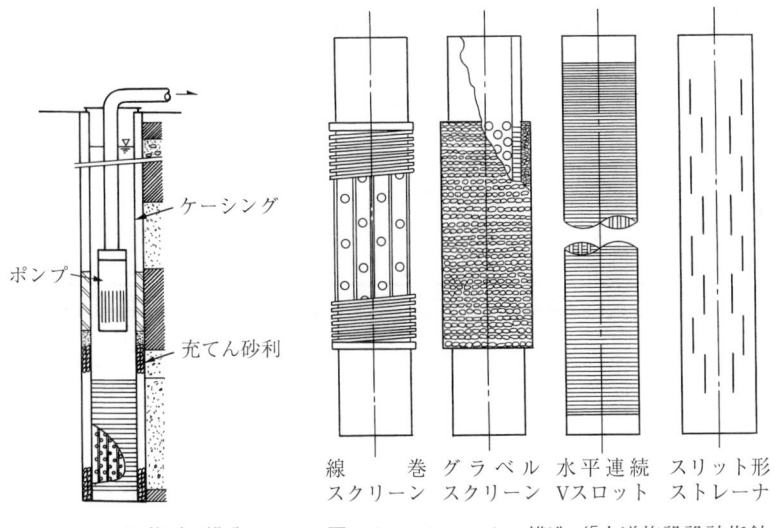

図 4.7　深井戸の構造　　図 4.8　ストレーナの構造（「水道施設設計指針(2000)」（日本水道協会））

(strainer)を設けることにより目的の帯水層から取水する．ストレーナは図 4.8 に示すように種々の形式があるが，一般的には細砂の流入を防ぐため線巻きスクリーンや V スロットが使用されることが多い．ストレーナの開口率は 15～30％程度が望ましいが，地下水の流入速度を 15 mm/s 以下にするように設計する．

〔4〕**集水埋渠**（infiltration gallery）　集水埋渠は伏流水や浅井戸の取水に用いられる施設で，地中に埋設した管渠に多数の孔をあけ，これを通して集水するものである．材質は鉄筋コンクリートとし，円形か馬蹄形が一般的であり，維持管理上口径は 600 mm 以上とする．帯水層が礫層のように透水性のよい場合は，安定した取水が可能である．

第5章

導水と送水

5.1 概　　説

　導水とは取水地点と浄水場が位置的に離れている場合，取水地点から浄水場まで水道原水を送る施設をいう。また，**送水**とは浄水場と配水池が離れている場合に，浄化した水を配水池に送る施設である。水路には開水路か管路が用いられ，いずれも外からの汚染に対して十分配慮する必要があるが，送水は浄化された水を送るため，途中での汚染に対して完全に防護される必要があり，必ず密閉水路が用いられる。

　導水施設は計画取水量を基準とし，送水施設は計画1日最大給水量で設計するが，将来拡張の予定がある場合や，容易に水路の拡張ができないと考えられる場合はあらかじめ断面に余裕をもたせておくことが必要である。

　導送水はできるかぎり自然流下式によることが維持管理上も安全で確実であるが，両者の高低差の関係上，自然流下により導送水ができない場合はポンプ加圧式を用いる。

　用いられる水路は水理学的には開水路か管路に分けられるが，一般的には**図5.1**に示すような開渠，暗渠，トンネルあるいは管路が用いられる。その選定は外部からの汚染の可能性や災害に対する安全性，維持管理，建設費などにより総合的に判断する。平坦なところは開渠または暗渠が用いられるが，丘陵や谷を通る場合はトンネルや水路橋あるいは伏越しを用いることがある。

(a) 開渠　　　(b) 暗渠　　　(c) トンネル

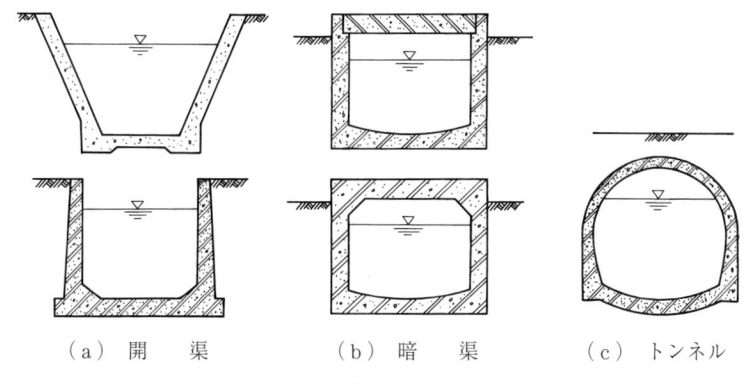

図5.1　導送水渠の断面

5.2 開水路

5.2.1 開渠

周囲の地盤より側壁を20cm以上高くしたり，さくを設けて人が入れないようにするなど，外部からの水質汚染の防止に極力努力をする必要があるが，送水に用いることはない。また，積雪寒冷地は降雪や結氷のため，開渠は原則として利用しない。通常はコンクリートまたは鉄筋コンクリート造りで断面は台形か長方形が用いられる。水理学上は径深が最大となる台形断面が有利であるが，水路幅が広くなり，必要用地が大きくなる欠点がある。

継手は伸縮継手とし，特に地質の変わるところや接合井，橋，堰，人孔ゲートなどの前後はたわみ性の大きい伸縮継手とする。

5.2.2 暗渠およびトンネル

暗渠は馬蹄形，ボックスラーメンあるいは長方形の開渠に覆蓋をしたものなどがある。送水に用いる場合は十分に水密性が得られなくてはならない。トンネルはコンクリート巻きとし，すき間にはグラウトを施す。トンネルは水理学上管路となる有圧の場合もあるが，その場合は岩盤で十分な水密性が得られるなど特殊な条件が必要で，多くの場合は自由水面をもたせた開水路として用いられる。

5.2.3 断面の決定

導送水渠の平均流速はその最大値が水路内面を摩耗から保護するため制限される。その値は，内面がモルタルまたはコンクリートの場合は 3.0 m/s で，鋼・鋳鉄または硬質塩化ビニルの場合は 6.0 m/s である。さらに導水路の場合は最小値を砂粒子が沈澱しないように 0.3 m/s 以上とする必要がある。

平均流速公式は**マニング**（Manning）**式**または**ガンギレー・クッター**(Ganguillet-Kutter) **式**が用いられる。

マニング式

$$v = \frac{1}{n} R^{2/3} I^{1/2} \tag{5.1}$$

ガンギレー・クッター式

$$v = \frac{23 + \dfrac{1}{n} + \dfrac{0.00155}{I}}{1 + \left(23 + \dfrac{0.00155}{I}\right)\dfrac{n}{\sqrt{R}}} \sqrt{RI} \tag{5.2}$$

ここに，v は平均流速〔m/s〕，R は径深〔m〕，I は動水勾配，n は粗度係数である。

粗度係数は一般にコンクリートの場合は 0.013～0.015 とする。開渠の場合は余裕水深を 30 cm とし，等流として計算する。

5.3 管 水 路

5.3.1 路線の選定

路線の選定は安全性，建設費，維持管理費に直接影響するだけに慎重に行われなければならない。路線は水平方向，鉛直方向ともに急な屈曲部は避け，いかなる場合も管路が最小動水勾配線の下へくるように選定する。これは動水勾配より管路が上に行くと，その部分は大気圧より低くなり水中に溶存しているガスが気化してそこにたまり，流水を妨げるためである。また，万一その部分に亀裂が生じると，負圧であるがために雨水や汚水が逆に管内に流入する可能性も生じる。どうしても最低動水勾配線より管路が上にくる場合は，上流部の

管径を大きくし，動水勾配線を上昇させるように工夫をするか，接合井を用いて対応する（**図 5.2**）。

予定される動水勾配が急で，管にかかる最大圧が管種の許容される最大使用静水圧を上回る場合は，高圧管を用いるか接合井を設置して減圧する方法をとる。

以上，路線の選定に際しては安全性に対して十分な配慮をする必要があるが，それでも事故のすべてに対し防護することは不可能である。そのため，事故時にほかの系統からの応援が受けられない場合には，管路を2条にするなどの対策を考えておく必要がある。

5.3.2 管種と付属設備

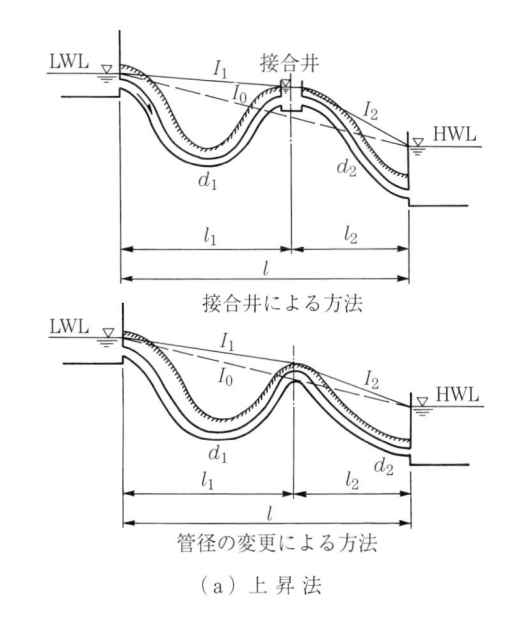

導送水管に用いる管種の選定は管の内・外圧に対する安全性，施工性，建設費，水質への影響などを考慮して行うが，一般的にはダクタイル鋳鉄管，鋼管，プレストレストコンクリート管，鉄筋コンクリート管，硬質塩化ビニル管が用いられる。

このうち，プレストレストコンクリート管と鉄筋コンクリート管は比較的設計内圧の低い場合に用いられるが，これらはほかの管種と比べ，耐腐食性には優れているが，重量があるため耐震上の配慮が必要となる。

接合井による方法

管径の変更による方法

（a）上 昇 法

（b）水圧軽減法

図 5.2　動水勾配の変更方法

52　第5章　導水と送水

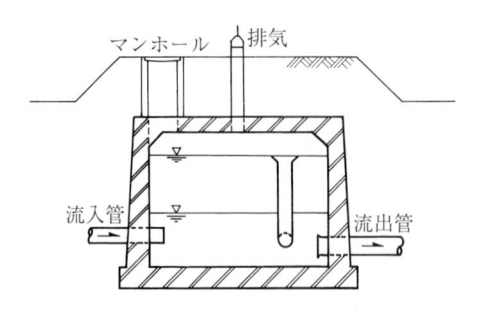

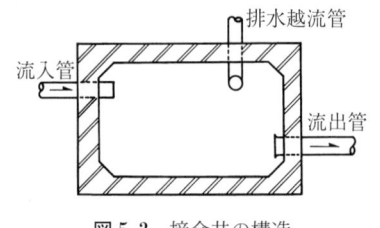

図5.3　接合井の構造

導送水管の設計内圧は最大静水圧に水撃圧を加えたものとする。外圧は土圧と路面荷重である。

付属設備としては接合井，制水弁，空気弁，排水設備がある。接合井は管路の水圧調整に設けられるため，排水できる水路が付近にあるところに設置する（図5.3）。また，接合井は水密性と耐震性を考慮し，コンクリート，鉄筋コンクリート，プレストレストコンクリート，鋼板，強化プラスチックなどの材質が用いられる。

制水弁は重要な設備の前後のほか，1～3km間隔に設置するが，設置する目的は水量調節のほかに，事故が発生した場合，被害をほかに及ぼさないですみやかに修理を行えるようにするためである。弁種としては仕切弁やバタフライ弁が多く用いられる。

空気弁は管内に自然にたまる空気を，また排水弁は管内の土砂を排出するほか，事故時や清掃に用いられる。このため，空気弁は管路の凸部に排水弁は逆に凹部に設置される。

5.3.3　管径の決定

管径は最低の動水勾配に対して決めればよい。そのため，自然流下式の場合は始点，終点ともに自由水面をもつから，図5.4(a)に示すように設計動水勾配は始点の最低水位と終点の最高水位に対して考えればよい。また，ポンプ加圧式の場合，ポンプの全揚程はポンプますの最低水位と終点の最高水位の差であり，それに管路の損失水頭が加算される。管路の損失水頭は摩擦損失水頭と曲管部の損失水頭とからなる。

このように，自然流下式の場合は与えられた動水勾配から，できるだけ大き

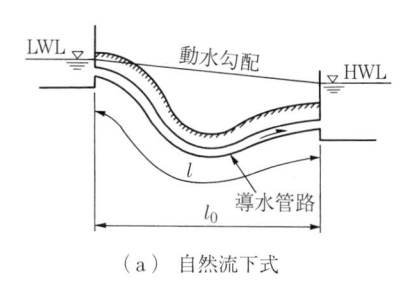

5.3 管水路

図5.4 導水方式
(a) 自然流下式
(b) ポンプ加圧式 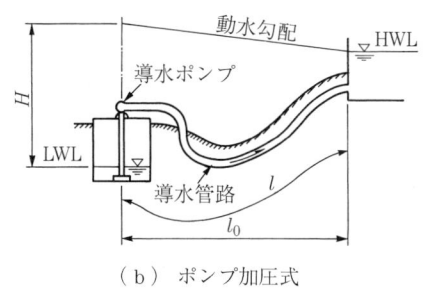

な流速を選べばそれが最小管径となるから，もし建設費が管径に比例するとすれば，これが最も経済的な断面となる。しかし，ポンプ加圧式では選ぶ管径によって管路内の摩擦損失水頭が異なるため，管径を小さくすると必要なポンプの全揚程が大となり，管径を大きくすると逆に必要ポンプの全揚程が小となる。そのため，図5.5に示すように建設費，動力費，償却費などの総和が最小となる条件を選定する必要がある。

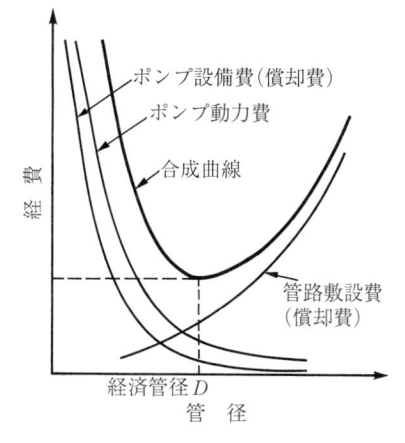

図5.5 管径と年間経費との関係

管水路の平均流速公式は**ヘーゼン・ウィリアムス**（Hazen-Williams）**式，ガンギレー・クッター式，池田式**が用いられるが，ヘーゼン・ウィリアムス式が最も一般的である。

$$v = 0.84935 \, CR^{0.63} I^{0.54} \tag{5.3}$$

ここに，v は平均流速〔m/s〕，R は径深〔m〕，I は動水勾配，C は流速係数である。

流速係数 C の値は，図5.6に示すように管内面の粗度と管路の屈曲によって違ってくるが，管種別には表5.1程度である。また，管を円形管とし，管径

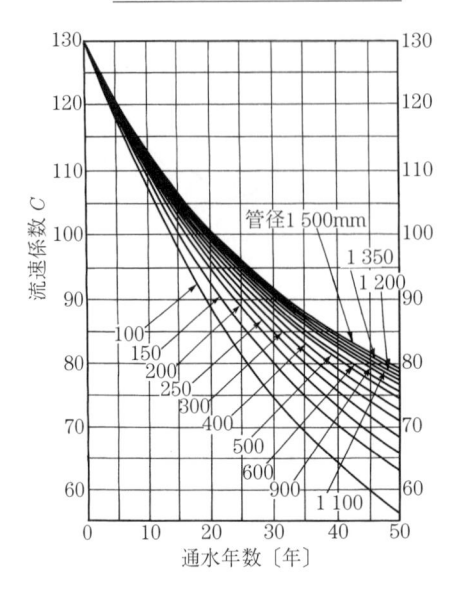

この図は，70年前の普通鋳鉄管で平均的な soft unfiltered river water を対象とし，さらにつぎの仮定から出発している。
1. 新管の $C=130$
2. さびこぶ発生による損失水頭の増加率は 3%/年
3. さびこぶによる管径の減少率 0.254 mm/年，C はこれに合わせて調整する。

図5.6 モルタルライニングを行わない鋳鉄管における通水年数と流速係数 C との関係曲線（G.S. Williams & A. Hazen: Hydraulic Tables, John Willey & Sons, 1905）

表5.1 ヘーゼン・ウィリアムス式の C の値（「水道施設設計指針（2000）」（日本水道協会）より）

管　　種	管路における C の値	備　　考
モルタルライニング鋳鉄管	110	屈曲損失等を別途に計算するとき，直線部の C の値を 130 にすることができる。
塗 覆 装 鋼 管	110	
石綿セメント管	110	
硬質塩化ビニル管	110	

D〔m〕と流量 Q〔m³/s〕を用いて式（5.3）を変形すると次式となる。

$$Q = 0.27853\, CD^{2.63} I^{0.54} \tag{5.4}$$

第6章 浄水

6.1 概　　　説

浄水（water purification）は目標とする水質まで原水を浄化することが目的である。これは具体的には2章で述べたように疫学的に安全で，水利用上も差支えがなく，不快感や不安感を与えないようにすることである。特に最近のように，地表水・地下水とも水源の汚濁や汚染が進行している現状では，浄水工程は水利用者の健康に直接影響するだけにたいへんに重要である。

原水中に含まれる不純物の分類法は大別すると2通りである。その一つの方法は不純物を**無機物質**（inorganic matter）と**有機物質**（organic matter）に分ける方法である。無機物質は，通常，原水中の不純物の大半を占め，その多くは土壌に由来する粘土などである。しかし，微量成分ではあるが，健康に障害を及ぼす**重金属類**（heavy metals）も含まれる。一方，有機物質は一般に含まれる割合は少ないが，家庭下水の流入，貯水中に生産される藻類あるいは土壌に由来するものなどがあり，総括的にはTOC（かつては，過マンガン酸カリウム消費量）で測定している。しかし，最近の研究では，有機物質の中には微量でも発癌性や変異原性が確認される物質が存在したり，消毒のために注入する塩素と反応し，発癌性のあるトリハロメタンを生成する物質もあるので，浄水処理は慎重に行われなくてはならない。

もう一つの分類法は不純物を大きさにより分類する方法である。処理方法と関連付けるにはこの分類方法のほうがわかりやすい。原水中の不純物は大別す

ると溶解しているか懸濁しているかであるが，さらに懸濁質をコロイドと粗懸濁質に分けて考え，処理性から特徴を比較するとつぎのようになる。

ⅰ）**粗懸濁質**　静置すれば，沈澱か浮上により水から比較的容易に分離できる物質で，処理しやすい物質である。

ⅱ）**コロイド**　微細な懸濁質で**ブラウン運動**（Brawnian movement）により，静置しても沈澱や浮上により分離できない物質を便宜上，**コロイド**（colloid）と呼ぶ。処理には工夫が必要である。

ⅲ）**溶解物質**　吸着・透析・酸化分解などの特殊な処理を施さなければ除去できない物質である。

6.2　浄水システム

現在，浄水処理に用いられるシステムは図 6.1 に示すとおり 4 システムを基本としている。図(a)の消毒だけの方式は，深井戸を水源とする場合のよう

原水 → 塩素消毒 → 送水

（a）塩素消毒だけの方式

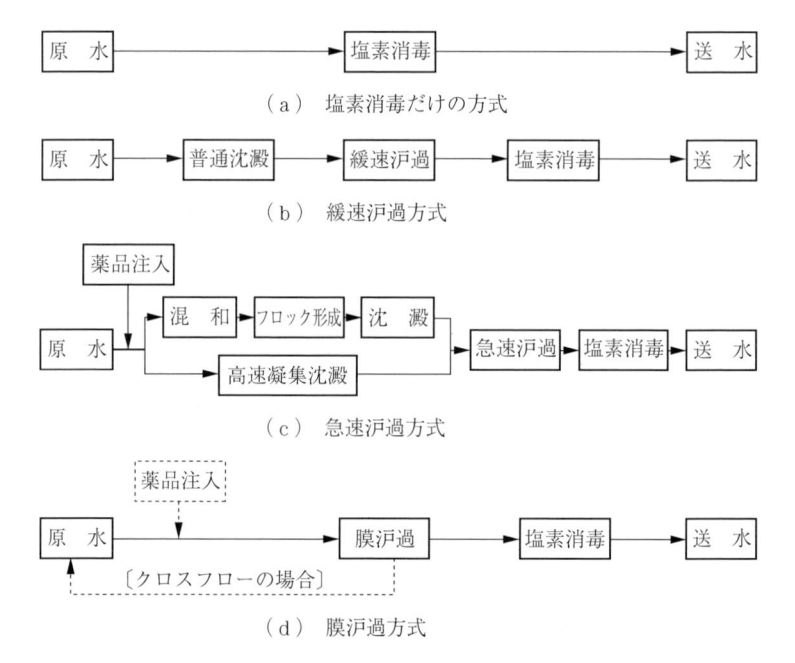

原水 → 普通沈澱 → 緩速沪過 → 塩素消毒 → 送水

（b）緩速沪過方式

原水 → 混和 → フロック形成 → 沈澱 → 急速沪過 → 塩素消毒 → 送水
（薬品注入）／高速凝集沈澱

（c）急速沪過方式

原水 → 膜沪過 → 塩素消毒 → 送水
（薬品注入）〔クロスフローの場合〕

（d）膜沪過方式

図 6.1　浄水システムのフローシート

6.2 浄水システム

に，原水水質が水質基準を十分に満たすほど良好な場合である．この場合は塩素消毒のみで給水することができる．しかし，地表水を水源とする場合は一般には原水水質は水質基準を満たしていないので，原水になんらかの処理を施してから給水する必要がある．従来から利用されてきた基本的な処理システムは図(b)と図(c)であるが，最近，図(d)の膜沪過方式が開発された．このシステムは，当初，小規模水道を対象に開発が進んだが，現在では浄水量が10万 m^3/d を超す浄水場にも採用が進んでいる．図(b)と図(c)は基本的には沈澱と沪過の組合せではあるが，それぞれ浄化機構が異なり，二つの単位操作を組み合わせて浄水処理が成り立つため，プロセスを入れ替えて用いられることはない．

水中の不純物は大別すると溶解しているか懸濁しているかに分けられる．このうち**溶解物質**（soluble matter）は沈澱や浮上によって水から分離することは当然不可能であり，もしこれらの物質を除去する必要があれば，その物質の性質や性状に応じた処理法を用いなければならない．では水中に懸濁している物質はどのようにしたら除去できるであろうか．**懸濁物質**（suspended matter）の最も簡便な除去法は**沈澱**（sedimentation or settling）か**浮上分離**（flotation）であろう．すなわち，懸濁物質の密度が水の密度より大きければ，いずれその物質は沈澱し，分離することができるし，また逆に水の密度より小さければ水面に浮上し，これも除去することが可能である．これらの処理方法は水処理のうちでも最も安価で安定した処理方法であり，実際に広く採用されている方法である．しかし，懸濁物質のすべてが沈澱や浮上で分離することはできない．すなわち，粒子径が $1\sim5\,\mu m$ 以下の懸濁物質は分子の熱分子運動によるブラウン運動でつねにランダムな運動を繰り返している．これが密度差による沈澱や浮上を妨げるので，一般にこの方法では懸濁物質を分離することができない．したがって，密度差を利用して容易に分離できるのは粒子径が $1\sim5\,\mu m$ 以上の粗懸濁質と呼ばれる物質であり，それ以下のコロイドと呼ばれる粒子径をもつ物質はこの方法では除去できない．

図6.1(b)に示すフローシートの**普通沈澱**（plain sedimentation）と**緩速沪**

過 (slow filtration) の組合せでは，前段の普通沈澱で粗懸濁質の沈澱除去を目指し，後段の緩速濾過でそれ以下の粒子径の懸濁質を除去することを前提としたシステムである．一方，図6.1(c)に示す**薬品凝集沈澱** (sedimentation with chemical coagulation) と**急速濾過** (rapid filtration) の組合せによる水処理システムは，沈澱分離が不可能なコロイド粒子を，薬品を用いて沈澱可能な大きな粒子径をもつ**フロック** (floc) と呼ばれる凝集物とし，沈澱分離する方法である．さらに，沈澱池で除去できなかった微細なフロックは急速濾過により水中から取り除くことで処理を完成させるシステムである．このように両システムはまったく異なった浄化機能を有しており，二つの**単位プロセス** (unit process) が組み合わさることにより，初めて有効な水処理を可能にしているものである．

さらに，最近開発が進み，実用化の段階に入った膜濾過法は，濾過に微細な孔径をもつ膜を用いることで孔径より大きな径をもつ物質を除去しようとするもので，膜はその孔径の大きさにより，**精密濾過膜** (MF膜, microfiltration membrane)，**限外濾過膜** (UF膜, ultrafiltration membrane)，**NF濾過膜** (NF膜, nanofiltration membrane) の3種類に分類される．

浄水方法の選定は原水の水質，浄水量，維持管理などの総括的な判断から決められるが，将来の原水水質の悪化をも考慮した上で安定した水質の水が供給できるように十分な機能をもたせておく必要がある．

6.3 沈　　　澱
6.3.1 沈澱理論

沈澱は最も簡単で，最も広く利用されている水処理プロセスである．すなわち，ごく小さな流れの場かもしくは静止状態では，水よりも密度の大きな物質のうち，$1～5\mu m$の粒子径以上のものは沈澱により分離することができる．これを応用したのが沈澱処理である．しかし，現象は一見すると単純だが，沈澱現象は実際には複雑で理論的に未解明な部分も多い．

〔1〕**単粒子の沈降速度**　　最も簡単な場合として，単一の粒子が静止状態

の水中を沈澱する場合について考えてみる。

　粒子が静止状態にあれば，粒子に働く力は浮力と重力である。この二つの力が平衡関係にあれば粒子は静止したままであるが，重力が浮力を上回れば粒子は下方に移動を始める。すると粒子と水の間に抗力が生じ，運動方向と逆方向の力が粒子に働く。一般に水中ではこの抗力が大きく，微小時間でたがいの力は平衡関係に達し，粒子は一定速度で沈降するようになる。このときの沈降速度を**限界沈降速度**（limiting terminal velocity）または**等速沈降速度**という。

　粒子を球形とし，粒子と水との間に働く抗力の比例係数である**抵抗係数**（drag coefficient）を C_D とすると，粒子に働く抗力 P は次式となる。

$$P = \frac{1}{8} C_D \rho u^2 \pi d^2 \tag{6.1}$$

ここに，ρ は水の密度〔g/cm³〕，u は限界沈降速度〔cm/s〕，d は粒子径〔cm〕である。

　一方，浮力と重力の合力 P' は次式で示される。

$$P' = \frac{\pi d^3}{6}(\rho' - \rho)g \tag{6.2}$$

ここに，ρ' は粒子の密度〔g/cm³〕，g は重力加速度〔cm/s²〕である。

　限界沈降状態ではこの二つの力，P と P' が釣り合っているわけであるから，式 (6.1) と式 (6.2) を等しいとし，沈降速度 u について解くと次式が得られる。

$$u = \sqrt{\frac{4}{3} \cdot \frac{d}{C_D} \cdot \frac{\rho' - \rho}{\rho} g} \tag{6.3}$$

　つぎに，粒子と水との間に働く抗力の抵抗係数 C_D であるが，これは**レイノルズ数**（Reynolds number）R_e の関数である。図 **6.2** に C_D とレイノルズ数の関係を示すが，$R_e \leq 1$ の範囲では，C_D と R_e は反比例関係にあり，$C_D = 24/R_e$ で表される。

　一方，水の動粘性係数を ν とすると，$R_e = ud/\nu$ であるので，式 (6.3) は式 (6.4) となる。

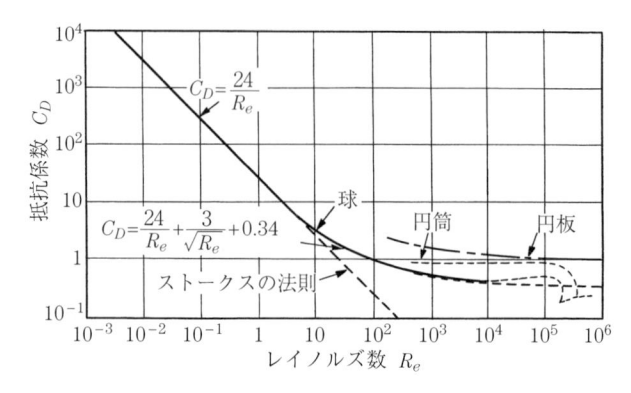

図6.2 球の抵抗係数 C_D とレイノルズ数 R_e の関係
（「水理公式集」（土木学会）より）

$$u = \frac{1}{18} \cdot \frac{\rho' - \rho}{\mu} d^2 g \tag{6.4}$$

これは**ストークス**（Stokes）**の式**であり，$R_e \leq 1$ の範囲の限界沈降速度を表す。

水道で用いられる**沈澱池**（settling tank）で除去率を考える場合の対象となる粒子の径は小さく，一般には $R_e \leq 1$ の範囲であると考えてよいので，ストークスの式を適用して単粒子の限界沈降速度を計算して差支えない。しかし，対象とする粒子径が大きく，R_e が1より大きくなる場合はストークスの式では大き目に限界沈降速度を見積もることになり危険側となる。この場合は，ラウス（Rouse）によって与えられた C_D と R_e の関係の近似式である式(6.5)を用いて，式(6.3)で繰り返し演算を行い沈降速度を求める方法がある。

$$\left. \begin{array}{l} C_D = \dfrac{24}{R_e} + \dfrac{3}{\sqrt{R_e}} + 0.34 \quad (1 \leq R_e \leq 500) \\ C_D \fallingdotseq 0.44 \quad (500 < R_e) \end{array} \right\} \tag{6.5}$$

〔2〕 **干渉沈降と圧密沈降**　沈澱池内で粒子が沈降する際，粒子濃度が低ければ単粒子の限界沈降速度で粒子の沈降速度を計算してよい。しかし，粒子濃度が高くなると実際の沈降速度は式(6.3)や式(6.4)で計算される値より小さくなる。これは粒子が沈澱により下方向に移動すると，粒子の体積相当分

だけの水が逆に上へ移動することになり，その結果，沈澱池内にわずかではあるが上向きの流れが生じ，粒子の沈降を妨げるからである。これを**干渉沈降**（hindered settling）という。沈澱池内で粒子沈降が**自由沈降**（free settling）から干渉沈降へ移る粒子濃度は，2 000～3 000 mg/L 程度といわれる。浄水の沈澱池では普通は粒子濃度が低いので単粒子沈降として取り扱って差支えないが，河川水を水源とする場合で洪水時に原水が高濁度になった場合は干渉沈降を考慮する必要がある。また，これとは逆に沈降速度が単粒子沈降より大きくなる場合もある。これは薬品凝集沈澱の場合におもに見られる現象であるが，大きさの異なるフロックが混在して沈降する場合は，たがいに沈降速度が異なるため沈降時にフロックどうしが衝突し，その結果，凝集が生じてフロック径が大きくなることにより沈降速度が大きくなるためである。

　フロック粒子は沈降するとたがいに支え合う形になる。この状態になると，フロックは自重で内部に含んでいる水分をしだいに外へ排出する形となる。すなわち，フロックの圧密が生じるようになる。これを**圧密**（compression）**沈降**と呼ぶ。もちろん，浄水の沈澱池ではこのような現象は生じないが，汚泥濃縮槽などの場合は圧密沈降を考える必要がある。

　〔3〕 **沈澱除去率**　　沈澱池は通常，連続流の状態で運転される。しかし，池内流速はきわめて遅く，滞留時間が比較的短い薬品沈澱池ですらその値は 0.5 cm/s 程度である。したがって，**フルード数**（Froude's number）F_r が小さく流れは不安定となり，沈澱池内では**短絡流**や**偏流**が生じやすい。特に沈澱池内水と流入水との間にわずかでも密度差があると**密度流**（density current）が発生する。これは池内に**死水域**（dead zone）を発生させ，その結果，滞留時間が極端に短くなり，沈澱除去率を低下させる。ことに**還流**（recirculated flow）といい主流方向と逆方向の副次流が発生すると，見掛け上の処理量が増大し，極端に除去率を低下させる。密度差は温度差や濁質の濃度差によって生じ，ごくわずかな温度差や濃度差でも密度流による死水域が発生することが知られている。このように沈澱池で偏流や短絡流が発生することは宿命みたいなものであり，沈澱除去率を取り扱う場合，十分に考慮する必要がある。

以上述べたように沈澱池での除去率を正確に求めることは困難であるが，偏流も短絡流もまた死水域もない理想的な流れの状態下での沈澱除去率を考えてみる。これはヘーゼン（Hazen）とキャンプ（Camp）の示した**理想沈澱池**(ideal settling tank) **理論**と呼ばれるものであるが，沈澱池内での流速はすべて一様で，沈澱池の流入端から同一粒子径で同一密度の粒子が均一濃度で流入すると仮定する。また，沈澱池内で沈降した粒子が池底に到達したら，その粒子は沈澱除去されたものと考えるという仮定のもとに成り立っている。

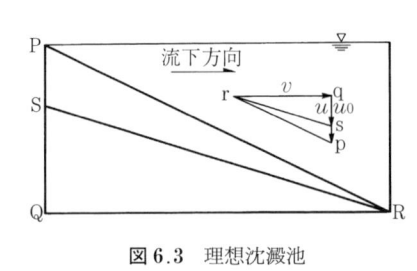

図6.3に示すように沈澱池内の平均流速をvとし，着目している粒子のもつ限界沈降速度をuとする。このため，沈澱池内に流入した粒子はrからsへ向かって斜めの方向に沈降していくことになる。いま，流入端で水面

図6.3 理想沈澱池

付近の点Pから沈澱池に流入した粒子が流出端でちょうど池底（点R）に到達するような粒子の限界沈降速度をu_0とする。これは沈澱池内で着目粒子がrからsへ軌跡を描いて沈降していくのに対し，rからpへ沈降軌跡を描くことになる。つぎに図中の線分$\overline{rs}$に平行でRを通る線を引き，$\overline{PQ}$との交点をSとすると，uなる限界沈降速度をもつ粒子は流入端のSQ間から入ってくれば沈澱池内で底へ到達し除去されるが，流入端のPS間から入ってくる粒子は底へ到達することなく流出端から池外へ流出することになる。したがって，流入端から着目粒子が一様な濃度で沈澱池に流入してくると考えているのであるから，沈澱除去率Eは結局次式で示される。

$$E = \frac{\overline{SQ}}{\overline{PQ}} \tag{6.6}$$

さて，図中の三角形PQRとpqr，また三角形SQRとsqrはそれぞれ相似の関係にあるので，式(6.6)はさらに次式に書き改められる。

$$E = \frac{\overline{SQ}}{\overline{PQ}} = \frac{u}{u_0} \tag{6.6}'$$

一方，沈澱池の水深を H，長さを L，幅を B，池の面積を A とし，沈澱池への流入量を Q とすると，u_0 は次式となる。

$$u_0 = \frac{H}{L}v = \frac{H}{L} \cdot \frac{Q}{BH} = \frac{Q}{A} \tag{6.7}$$

よって，沈澱除去率 E は式 (6.8) で表され，沈澱池の水深や長さ，あるいは滞留時間に無関係な形で表すことができる。

$$E = \frac{u}{(Q/A)} \tag{6.8}$$

すなわち，沈澱除去率は流入量と池面積の比と反比例の関係があり，池面積当りの処理量を小さくすれば除去率がよくなることを示している。

Q/A を**水面積負荷**（overflow rate）といい，沈澱池の設計にとってたいへんに重要な因子である。

6.3.2 普通沈澱法

普通沈澱池は緩速沪過池との組合せで用いられるプロセスで，自然沈降で分離できる懸濁物質の除去を目的とし，ここでできるだけ多くの懸濁質を除去し，後段の沪過池の負荷を小さくする。普通沈澱池では理論的には時間をかければブラウン運動により沈降を阻害される粒径以上のものは除去できることになるが，実際に除去を期待するのは $10\,\mu\mathrm{m}$ 以上の粒径の浮遊物質である。ストークスの式で計算すると，水温 20°C で比重 2.6，粒径 $10\,\mu\mathrm{m}$ の粒子の限界沈降速度は $8.7 \times 10^{-3}\,\mathrm{cm/s}$ となり，この粒子は 1 m 沈降するのにほぼ 3 時間くらいかかることになる。このため，沈澱池の水深を 3～4 m とするとこの粒子は沈降するのに 9～12 時間程度かかるが，わが国では普通沈澱池の**滞留時間**（detention time）は 8 時間を標準としている。これは緩速沪過池に流入する水の許容される濁度が 10 度以下であることから経験上逆算された値である。

沈澱池の有効水深は 3～4 m とし，汚泥堆積深さを 30 cm 程度見込んでおく。池内の平均流速は 30 cm/min 以下とし，できるかぎり一様流である理想流に近付けるため，多孔板の形状をした**整流壁**を流れと直角方向に設置したり，横方向の偏流を防ぐ意味で流れ方向と平行に**導流壁**を設置する。

池の形状は**長方形沈澱池**（rectangular settling tank）の場合は経験的に長さ幅比が3：1〜8：1程度がよく，**円形池**（circular settling tank）の場合は直径と水深の比が6：1〜12：1程度が用いられている。また，長方形池では水の流れが横流となるので，**横流式沈澱池**（horizontal-flow settling tank）とも呼び，円形池で流れが放射，上向き流となるものを**上向流沈澱池**（upward-flow settling tank）と呼ぶ。池の数は清掃や補修などの維持管理の面から原則として2池以上とするが，原水の濁度がほとんどの期間で10度以下のような場合は，原水水質が安定している時期を選んで，直接緩速沪過により浄水が可能なので1池とすることもできる。

6.3.3 薬品凝集沈澱法

薬品凝集沈澱法とは静置してもブラウン運動のため沈降しないような小粒子径の懸濁物質を，**凝集剤**（coagulant）と呼ばれる薬品を用いて沈降可能な大きな粒径になるまで凝集し，フロックとなったものを沈澱除去する方法で，必ず急速沪過法（6.4節参照）と組み合わせて用いられる。

〔1〕 **凝　集**　水道原水中に含まれる不純物で，ブラウン運動のため沈澱除去できない粒子径の懸濁物質を便宜上コロイドと呼ぶ。この代表的な物質が5 μm以下の粒子径をもつ粘土である。その他，天然の有機着色成分は粒子径が10 μm付近であり，細菌は1 μm前後の大きさである。このように自然沈降しない物質にはさまざまな無機・有機コロイドや細菌などがあるが，大半のものが表面に負の荷電を帯びており，そのためたがいに粒子どうしで反発し合っている。一方，粒子間には別の力としてたがいに引き合う力が働いており，それを**ファン・デル・ワールス力**（van der Waals' force）という。そのため，荷電による反発力をうまく取り除けば，粒子どうしたがいにファン・デル・ワールス力を介して結合させることが可能となる。この目的で使用される薬品が凝集剤である。

凝集の機構については種々の説があるが，現在のところ**電気2重層説**が最もよく説明がつくようである。これによると図6.4のように負に荷電した粒子表面付近には，反対に正に荷電したイオンが付着する層と，正と負に荷電したイ

6.3 沈　　　澱

オンが混在する層の，2重の層が形成されると考えられている。この2重層を固定層と拡散層という。コロイド粒子はこの2重の層を付着させたままブラウン運動をしていると考えられており，このとき当然どこかにせん断面が生ずる。このせん断面は拡散層に生じると考えられており，これにより内側の層はつねに粒子と一体となってブラウン運動をしているため，このせん断面が見掛け上の粒子表面と考えてよい。表面の負荷電による反発力はこのせん断面での荷電の強さによって支配されると考えてよく，この電位を**ゼータ電位**と呼ぶ。このような系の中に，正に荷電をしたイオンを増加させると拡散層を中心にイオンの交換が生じ，しだいに正の荷電イオンの割合が増し，その結果，ゼータ電位が変化する。投入する正の荷電イオンの量をうまくコントロールすると，ゼータ電位を等電点に近付けることが可能であり，そうなると電位反発力が弱まり，ファン・デル・ワールス力が卓越してコロイド粒子はたがいに結合する。

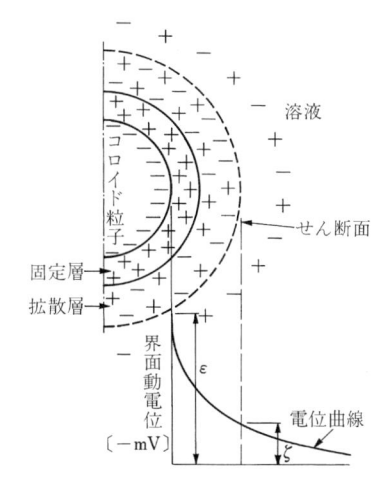

図6.4　電気2重層概念図

　水道原水中に最も多く含まれる懸濁質である粘土はゼータ電位が-20〜-30 mV 程度に帯電しているものが多く，このままでは電位による反発力が勝っており，粒子は凝集しない。凝集するためにはゼータ電位が± 10 mV 以内程度になる必要があり，ゼータ電位を低下させる目的で注入する薬品を凝集剤と呼ぶ。わが国では凝集剤は**硫酸アルミニウム**（硫酸ばんど），**ポリ塩化アルミニウム**（PAC）が主として用いられている。アルミニウム塩のほかには鉄塩や明ばんあるいは有機高分子凝集剤などがあるが，わが国の水道ではほとんど用いられていない。

　硫酸アルミニウム（$Al_2(SO_4)_3 \cdot 18 H_2O$）は原水に加えると重炭酸カルシウムのようなアルカリ度と反応し水酸化アルミニウムを生成する。

$$Al_2(SO_4)_3 + 3Ca(HCO_3)_2 = 2Al(OH)_3 + 3CaSO_4 + 6CO_2 \qquad (6.9)$$

あるいは,ほかのアルカリ度である炭酸ナトリウム(ソーダ灰)や水酸化カルシウム(消石灰)との反応は

$$Al_2(SO_4)_3 + 3Na_2CO_3 + 3H_2O = 2Al(OH)_3 + 3Na_2SO_4 + 3CO_2 \qquad (6.10)$$

$$Al_2(SO_4)_3 + 3Ca(OH)_2 = 2Al(OH)_3 + 3CaSO_4 \qquad (6.11)$$

である。

このように,凝集剤は,加水分解して水酸化物となり,凝集作用を行うと考えられている。したがって,原水中に**アルカリ度**が不足していると,加水分解が生ぜず,凝集作用が働かない。このため,この目的で注入する薬品を**アルカリ剤**といい,消石灰〔$Ca(OH)_2$〕,ソーダ灰〔Na_2CO_3〕,か性ソーダ〔$NaOH$〕などが用いられる。

さて,注入された凝集剤がアルカリ度と反応し,式 (6.9)~(6.11)のように水酸化物を形成しても,$Al(OH)_3$ の形では電気的には中性であり,陽イオンとして働かない。しかし,水酸化アルミニウムが $Al(OH)_3$ の中性の形となるのは pH 8.0 付近であると考えられており,それより pH が低い領域では例えば,$Al_8(OH)_{20}^{4+}$ や $Al_8(OH)_{22}^{2+}$ のような形をしており,陽イオンの状態であると考えられている。また,pH が 8.0 より高い場合は水中に OH^- イオンが増えるため,$Al(OH)_4^-$ といったような負のイオンになるとも考えられている。

すなわち,硫酸アルミニウムは加水分解し,水酸化物となっても pH によりその形態が異なるため,pH によって凝集効果が支配されることになる。最適 pH 域は原水中に含まれているコロイド粒子の荷電の強弱や凝集剤の注入量によっても異なるが,pH 6.5~7.0 付近が最も凝集性がよいようである。しかし,原水の水質はつねに変化しているため,実際には最適注入量は**図 6.5** に示すような**ジャーテスタ**で実際にフロックをつくり,その結果,最も凝集性のよい薬注率を決めるという方法が用いられている。

フロックは形成するが,できたフロックが小さいか,または密度が小さく沈降しにくい場合がある。これは降雨で原水濁度が高くなったり,あるいは冬期の低濁度のときなどによく見られる現象であるが,このようなときフロックを

大きく沈降しやすくする目的で注入する薬品を**凝集補助剤**という。水道では活性ケイ酸やアルギン酸ソーダがよく用いられるが，これ以外には有機高分子凝集補助剤などがある。

薬品の注入設備は湿式と乾式がある。注入設備の選定は最小注入量から最大注

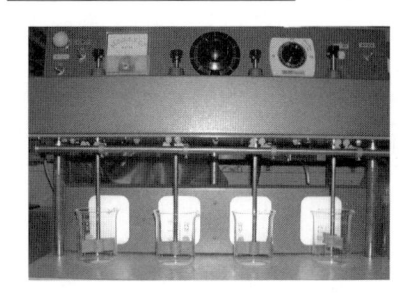

図6.5 ジャーテスタ

入量まで安定した注入が確保されることが重要であり，一般には湿式が多く用いられている。理由は安定注入が図りやすいためであるが，湿式装置の欠点は装置が大きくなる点と腐食の恐れのある点である。

〔2〕 **フロック形成**　凝集剤が注入され，コロイド粒子のゼータ電位が等電点に近付くと，ブラウン運動が粒子どうしに衝突の機会を与え，凝集が生じ始める。しかし，コロイド粒子は，凝集すれば粒子径が大きくなり，運動力が低下してしまい，もうそれ以上は衝突の機会が発生しなくなる。また，注入された凝集剤の濃度が反応槽の中で不均一であっても効果的な凝集作用は期待できない。

このため，注入した薬品を系中に均一に分散させ，微細なフロックに凝集させる目的で1～5分間程度急速攪拌する装置を**急速混和池**（flash mixer）という。ここでできるマイクロフロックは粒子径が1～10μm程度しかなく，そのまま沈澱池に入れても沈降除去はできない。そこで，マイクロフロックをたがいに衝突させ，合一する機会をつくる目的で緩速で攪拌する装置を**フロック形成池**（flocculator）という。フロック形成池は滞留時間が20～40分で，フロックの成長に応じて攪拌力が弱くなるように設計する。

フロックの形成については，キャンプとステイン（Stein）がフロックの衝突回数を G 値あるいはそれを無次元化した GT 値を用いて表したものが広く使われている。

$$N = \frac{1}{6} n_1 n_2 (d_1 + d_2)^3 G \tag{6.12}$$

ここに N は単位時間，単位体積中で生ずるフロックの衝突回数であり，n_1，n_2 はそれぞれ d_1，d_2 なる径をもつ単位体積中の粒子数である．また，G 値はフロック形成池内の速度勾配であり，キャンプとステインは次式で示した．

$$G=\sqrt{\frac{\phi_m}{\mu}} \tag{6.13}$$

ここに，μ は静粘性係数であり，ϕ_m は単位体積中に与えられる仕事量である．

式 (6.12) からわかるように，フロックの衝突回数 N はフロック濃度の2乗，フロック径の3乗，そして G 値に比例する．

このことから，フロック濃度が一定とすれば，フロックの単位時間，単位体積当りの衝突回数 N は G 値に比例すると考えてよい．そのため，フロック形成池内での全衝突回数は G 値にフロック形成池の滞留時間を乗じた GT 値に比例するということができる．

一方，丹保は，乱流下での衝突合一を考え，フロック形成の指標値として，G^*CT 値を示した．丹保はフロック形成指標として m, S, K_p 値の三つの無次元量を示し，フロックの最大成長比 S とフロック密度の指標 K_p が与えられれば，フロック形成は m 値のみで定まり，$m \propto G^*CT$ なる関係があることから，キャンプらの GT 値に懸濁質濃度 C を乗じた値でフロック形成が支配されるとした．

急速混和池は，パドル式，プロペラ式，タービン式の攪拌機があり，水流自体のエネルギーを利用するジャンプ式混和池もある．滞留時間は，1〜5分程度で設計される．

フロック形成池は大別すると機械攪拌式と水流自体のエネルギーを利用する方法とがあり，滞留時間は20〜40分で設計される．攪拌強度はフロックの成長に伴って弱くなるようにし，水温や水質の変化に対し

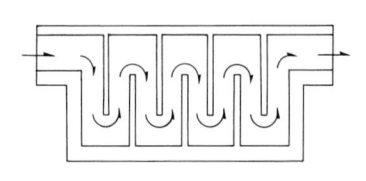

（a）上下う流式

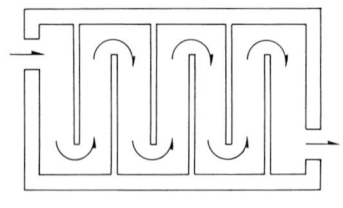

（b）水平う流式

図 6.6 う流式フロック形成池

て攪拌強度が変更できるようにしておく。

　機械攪拌式には水平攪拌式と垂直攪拌式があり，水流自体のエネルギーを利用する方法には図 6.6 のように上下う流式と水平う流式がある。なお，図 6.7 に機械攪拌式フロック形成池を示す。

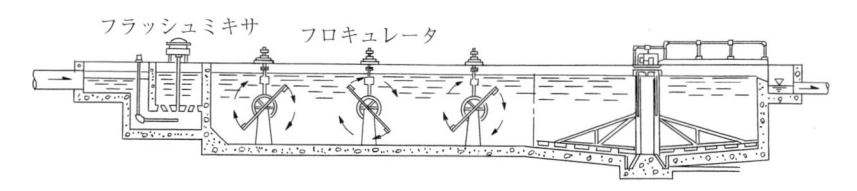

図 6.7　機械攪拌式フロック形成池（「水道施設基準解説」（日本水道協会）より）

〔3〕**薬品沈澱池**　薬品沈澱池は大きく成長したフロックを沈澱分離することが目的であり，この装置が有効に働かないと後段の沪過池の負担が大きくなる。しかし，除去効率をどのように考えればよいかは後段の沪過との兼合いで定めるべきで，システム全体で最も有効に機能する点を見いだすのが最良である。

　構造的には普通沈澱池と変わらないが，滞留時間は 3 ～ 5 時間が標準であり，池内の平均流速は 40 cm/min 以下が用いられる。図 6.8 は長方形沈澱池の典型例を示したものであるが，沈澱池内に沈積するフロックを連続的に取り出すため，排泥装置を設置する。排泥装置はスラッジかき寄せ機と排泥機からなるが，沈澱池を空にして排泥をする場合は，圧力水が利用できるような装置を設置しておくことが望ましい。かき寄せ機は，走行式ミーダ型，リングベルト式，水中けん引式，回転式などがある。また，排泥機は，水圧を利用してスラッジを引き抜く形式とポンプで引き抜くものとがある。

　薬品沈澱池はフロックを連続的に除去するため，構造的にさまざまな

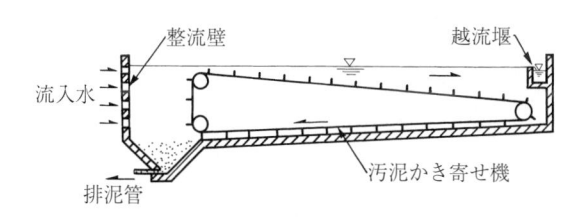

図 6.8　長方形沈澱池

工夫がなされている。6.3.1項で述べたように，沈澱池内は流速が非常に小さく，流れが不安定となり，偏流，短絡流，密度流の影響を受けやすい。また，沈澱除去率は水面積負荷に反比例する関係があり，水面積を大きくすれば除去率が改善されることになる。この考え方を導入したのが多階層沈澱池である（図6.9）。また逆に処理量を小さくすれば，水面積負荷は小さくなり除去率が改善される。これを具体化したのは上澄水の中間引抜きである。

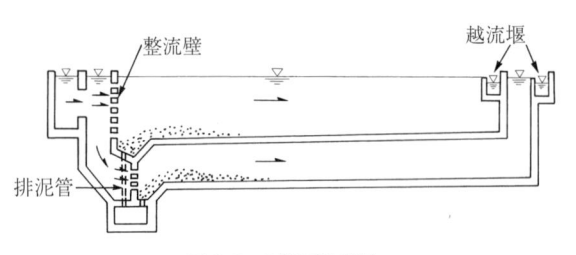

図6.9 2階層沈澱池

多階層沈澱池は2～3層のものが多いが，**傾斜板沈澱池**（plate settler）もこの分類に入ると考えてよい。多層にする効果はそれだけ沈降面積が増加し，沈澱除去率を高めるほかに，事実上の水深が浅くなるため，流れの安定に関係するフルード数（$F_r = v^2/gh$）が大きくなり，整流効果の改善も期待できる。しかし，その反面スラッジの連続取出しが困難となり，一部人力に頼って排泥する場合もある。

傾斜板沈澱池は**図6.10**に示すような板を50～100 mm間隔に60°程度傾斜させ，流れと平行に設置して沈澱効率を高めるように工夫されたものであり，横流式沈澱池でも上向流式沈澱池でも用いることができる。処理効率の改善効

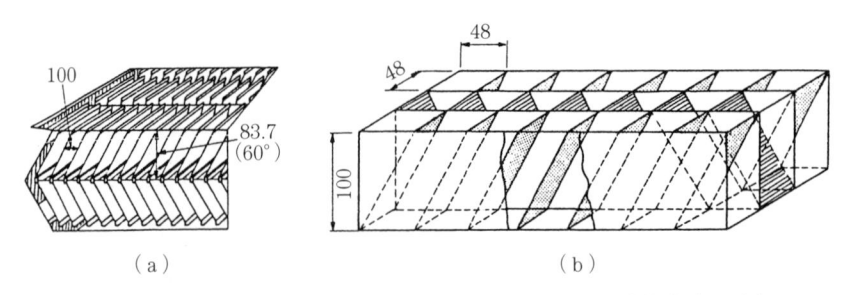

図6.10 傾斜板の沈降装置の例（単位 mm）（「水道施設設計指針（2000）」（日本水道協会）より）

果は著しく，既設の沈澱池の改造も可能である。

上澄水の中間引抜きは沈澱池の中間に設置した越流堰で処理水の一部を引き抜くもので，これにより沈澱池後半部の水面積負荷を軽減し，全体の効率の改善を意図するものである。

また，最近は構造的には傾斜板沈澱池に似ているが，原理的にはまったく異なるフィン付傾斜板沈澱池も提案されている。

〔4〕 **高速凝集沈澱池** 高速凝集沈澱池とはフロック形成と沈澱を一体化したもので，大別すると**スラリー循環型**と**スラッジブランケット型**およびそれらの複合型がある。

スラリー循環型は**図 6.11**に示すが，原水と薬品はまず1次攪拌室に入れられる。ここには沈澱部から沈降したフロックが水流の圧力差により自動的に1次攪拌室内に循環されているため，短時間に大きなフロックを形成させることができる。このフロックは2次攪拌室でゆっくりと攪拌を受け，よりフロック径を成長させて，沈澱部へ流出する。沈澱部は上向流式で，沈降分離したフロックはここで圧密濃縮され，1次攪拌室へ循環する。

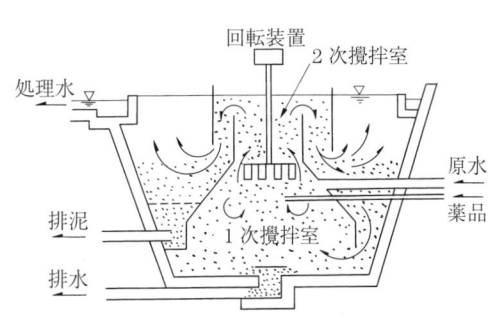

図 6.11 スラリー循環型高速凝集沈澱池

一方，スラッジブランケット型は**図 6.12**に示すようにしだいに攪拌力が弱くなるように工夫された攪拌室に原水と薬品を注入し，フロックを形成する。このフロックは沈澱部の下に設けられたスリットを通じて，沈澱部へ流出するが，そこには沈降したフ

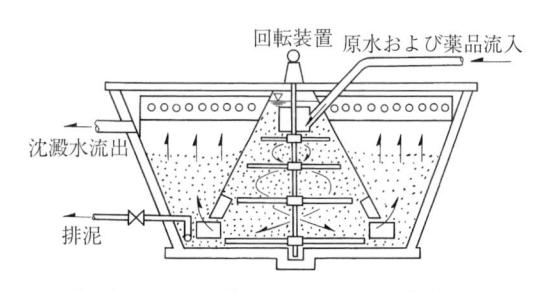

図 6.12 スラッジブランケット型高速凝集沈澱池

ロックがつねにたまっており，流入水はスラッジのブランケットを通じて沈澱部へ流出することになる。このため，微細なフロックでもブランケットを通過する際にフロック形成が生じ除去される。

複合型は以上二つの原理を両方とも組み合わせたタイプである。

高速凝集沈澱池はフロック形成，沈澱ともに高効率化されるため，大幅に処理時間が短縮でき，滞留時間は計画浄水量の1.5～2.0時間程度でよい。しかし，原水濁度が低いと効率的に作用しないため，原水濁度が10度前後と高い場合に適している。またスラリーをつねに適正量に保持していなくては良好な運転が期待できないため，維持管理上の難しさは増大する。このことから，本法は大都市の大きな浄水場向きの処理方法といえる。

6.4 沪過

沪過 (filtration) は多孔質の層に水を通し不純物を除去する方法で，**沪材** (filter media) として最も一般的に用いられるのが砂である。浄水で用いられる沪過は**緩速砂沪過法** (slow sand filtration) と**急速砂沪過法** (rapid sand filtration) があり，前者は普通沈澱法と後者は薬品凝集沈澱法と組み合わせて用いられる。

6.4.1 緩速砂沪過

〔1〕 **浄化機構**　緩速砂沪過は**沪過速度** (filtration rate) が 4～5 m/d を標準としており，普通沈澱法との組合せで用いられる。沪過機構は砂層の表面近くに棲息した好気性微生物が，普通沈澱池で除去できない粒子径である 10 μm 以下の懸濁物質を捕捉除去するもので，生物的な作用が主体である。

砂層の表面近くにできる微生物層はゼラチン状をしており，ここに原水中の腐植物質や栄養塩類が付着し，藻類や細菌類を繁殖させている。この膜を**沪過膜**といい，緩速砂沪過の浄化機構の中心的役割を果たしている。発生する藻類は珪藻が主体であり，光合成により発生する酸素がバクテリアの呼吸源となり，有機物質を酸化する。また同時にpHが上昇し，砂層が正電荷となり吸着効果を高めるともいわれている。

このように沪過膜は物理的に水中の懸濁質を付着阻止し，生物的な作用で有機物質を分解するだけでなく，色度，鉄，マンガン，アンモニアの除去にも有効である．しかし，その除去は沪層の表面近くのみに集中し，沪過を継続するとしだいに表面部分の沪過抵抗が増大し，損失水頭が大きくなる．必要な沪過速度が得られるよう流出側のバルブを開け，取出側の水位を下げて水頭差を回復させてゆくが，それでも必要な沪過速度が得られなくなった場合は，沪過を停止して排水し，沪層の表面を $10 \sim 20$ mm 程度削り取って沪層を更新する．

このように緩速砂沪過は安定した浄化が期待でき，しかも構造が簡単なため維持管理が容易であるが，敷地面積当りの処理効率が低く，広い土地を必要とする．また，浄化機構から考えて，高濁度の原水やプランクトンや栄養塩濃度の高い原水には不向きである．一般に原水の濁度は高いときでも10度以下，アンモニア性窒素は 0.1 mg/L 以下，BOD は 2.0 mg/L 以下程度のものが望ましい．緩速砂沪過は用地効率が悪いため，わが国では最近あまり用いられなくなってきたが，トリハロメタンの前駆物質の除去にはこの方法が有効であるため，最近ではまた本法が見直される傾向にある．

〔2〕 **沪 材** 　緩速砂沪過に用いられる沪材はつぎの要件を満足する必要がある．

- ごみ，粘土などの不純物質を含まない石英質の硬い砂
- **有効径**は $0.3 \sim 0.45$ mm
- **均等係数** 2.0 以下
- 洗浄濁度が 30 度以下
- 強熱減量 0.7% 以下
- 塩酸可溶率 3.5% 以下
- 比重は $2.55 \sim 2.65$ の範囲
- 摩減率 3% 以下
- 最大径は 2.00 mm を超えない．やむをえない場合も最大径を超えるものが 1.0% 以下

有効径とは砂をふるい分けして，その粒度加積曲線を作成したとき（**図6.13**），

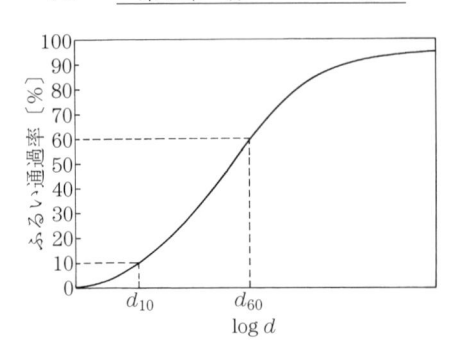

図6.13 砂の粒度加積曲線

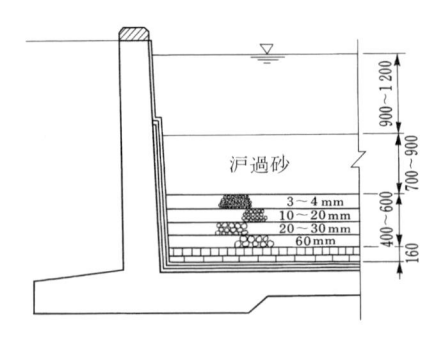

図6.14 緩速沪過池の構造

表6.1 緩速砂沪過池の砂利層の標準構成（「水道施設設計指針（2000）」（日本水道協会）より）

層　別	砂利の平均径〔mm〕	砂　利　厚〔cm〕
4層の場合		
1　層	3～4	8～10
2　層	10～20	8～10
3　層	20～30	12～15
4　層	60	12～25

その10％通過径に当たるものをいい，均等係数とは60％と10％との粒径の比である。すなわち，均等係数が1に近付くほど，砂の粒子径が均一に近付くことを意味している。

〔3〕**沪過池の構造**　沪過池の必要面積は計画浄水量を沪過速度で除して求めるが，池数は予備池を含めて2池以上とし，予備池は10池に1池程度の割合で設ける。1池当りの大きさは最大でも4 000～5 000 m²，小さい場合は50～100 m²のものが造られている（**図6.14**）。

沪層は**下部集水装置**（underdrain system）の上に**表6.1**に示すように4層に分けた粒径3 mmから60 mmの砂利の支持層を400～600 mmの厚さに設け，その上に沪過砂を700～900 mmの厚さに入れる。沪過を続け，削り取りにより砂層厚が400 mm以下になったら補砂を行い，もとの厚さまで砂を入れて沪層の回復を図る。

下部集水装置は沪過池全体から均一に沪水を収集し，沪過池全体を均一に作用させる目的で設置するものである。一般には**図6.15**に示すように肋骨状に集水主渠と支渠を配置する程度で十分である。

砂上水深は900～1 200 mmとし，余裕高を300 mm程度とる。沪過速度を

制御する水量の調節装置は各沪過池ごとに設ける。装置は種々のものが考案されているが，可動堰を用いるノッチ式，ベンチュリーメータで流量を計って制御するベンチュリー式，オリフィスで制御するオリフィス式などがある。

6.4.2 急速砂沪過

〔1〕 浄化機構　急速砂沪過は沪過速度が120～150 m/d を標準としており，薬品凝集沈澱との組合せで用いられる。すなわち，沈澱池で除去できなかった微細なフロックの除去を目的としたもので，その除去機構は緩速沪過のような生物的なものではなく，物理化学的なものである。しかし，沪材によってつくられるすき間の大きさはせいぜい 100

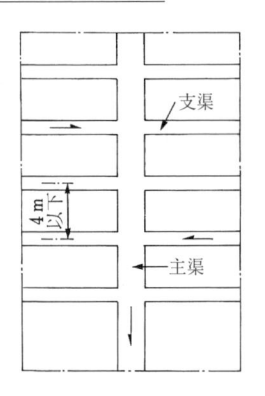

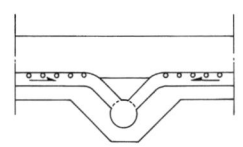

図 6.15　下部集水渠の配置例

μm のオーダであるのに対し，微小フロックの径は通常数 10 μm 以下であり，単純なふるい分け現象によりフロックの抑留が起きているとは考えにくい。したがって，沪層内に流入したフロックが沪材粒子の表面まで移送される過程と，移送されたフロックが沪材粒子表面で捕捉される過程の，2段階で急速沪過の除去機構を考えるのが妥当である。

沪材粒子表面にフロックを移送する因子としては，ふるい分け，ブラウン運動慣性力，さえぎり，流体力移送，沈澱などが考えられ，捕捉因子としては機械的抑止，ファン・デル・ワールス力，化学的付着などが考えられる。

急速沪過の浄化機構は，図 6.16 に示すように，移送過程では懸濁質の粒径が小さい

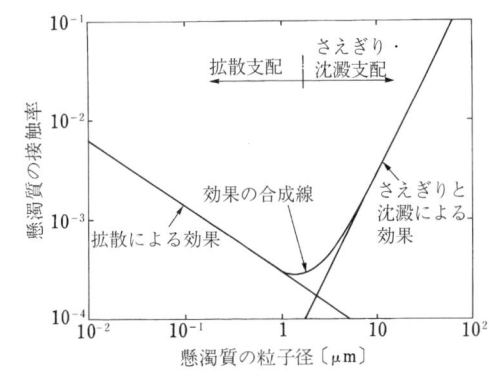

図 6.16　移送過程に及ぼす影響因子

と拡散が支配的であるが，微細フロック以上の粒子径（数 μm 以上）ではさえぎりと沈澱がフロックの移送過程を支配している。一方，これらの力によって沪材表面まで運ばれたフロックは沪材粒子と，あるいはすでに付着したフロックとファン・デル・ワールス力を介して凝集し，捕捉されるのが主体と考えられている。

このように急速砂沪過のフロックの抑留機構は多くの因子が作用する複雑な現象であり，現象を数学的に表現するのはなかなか困難であるが，除去機構を初めて取り扱ったのは岩崎の式である。

岩崎は沪層内の水質変化を次式で示した。

$$\frac{\partial C}{\partial Z} = -\lambda C \tag{6.14}$$

ここに，C はフロックの体積濃度，Z は沪層深さ，λ は沪過係数である。

一方，連続の式は式 (6.15) で示される。

$$U\frac{\partial C}{\partial Z} = -\frac{\partial \sigma}{\partial t} \tag{6.15}$$

ここに U は沪過速度であり，σ は沪層内に抑留されたフロックの体積濃度である。

沪過係数 λ は沪過現象が複雑なため一定値とはならず，一般に沪過継続時間と沪層の深さにより変化する。このため，沪過係数 λ の表現にいままで多くの研究者が多くの研究を重ねてきたが，いまだに決定的な取扱い方はない。

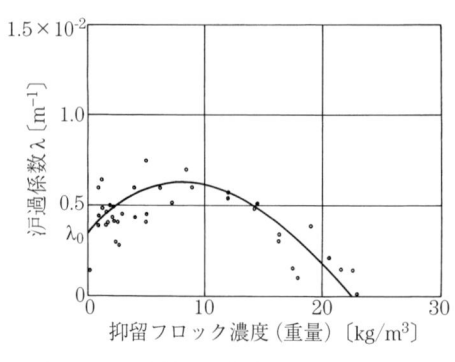

図 6.17 は沪過係数 λ と沪層内の抑留量（重量濃度）との関係を，カオリンを懸濁質としたフロックを用いての実験結果で示したものであるが，λ は初期値 λ_0 から徐々に大きくなり，その後，極大値をもって 0 に近付く傾向を示している。これは沪

図 6.17 沪過係数と抑留フロックの関係

層内に進入したフロックは沪材表面に達すると,初めは沪材粒子と付着することになるが,この場合は沪材粒子表面のゼータ電位がフロックよりも低いために凝集が生じにくい。しかし,一度フロックが沪材粒子に付着すると,それからはフロックどうしが凝集することになり,この場合はゼータ電位が等電点に近いため凝集が生じやすく,λがしだいに大きくなるものと考えてよい。しかし,フロックの抑留量が増えると,沪材空隙がしだいに小さくなり,やがて物理的に捕捉される空間が小さくなるため,再びλの値は低下してゆくと考えられる。

また,沪層に進入するフロックは必ずしも均質ではないため,沪層の表面近くでは付着しやすいフロックが取り除かれ,除去されにくいフロックが沪層の深部へ進入してゆく。このため,沪過係数λは時間的にも位置的にも一定値ではなくなると考えられている。

〔2〕 **沪層の水理**　沪層内の流れは沪材間にできる空隙内に生じる流れであり,その取扱いは容易ではない。そのうえ,空隙にはフロックが捕捉抑留され,つねにその体積・形が変化しているため,沪層内の水理はたいへん複雑である。そのため,一般には沪層内の空隙を等価な円形管に置きかえて,損失水頭を考える方法が用いられている。

コゼニーとカルマン(Kozeny-Carman)は沪層内の流れを層流と考え,清浄な沪層での損失水頭を次式で示した。

$$h = k \frac{L}{g(\phi d)^2} \nu U \frac{(1-\varepsilon)^2}{\varepsilon^3} \tag{6.16}$$

ここに,hは全損失水頭〔cm〕,Lは沪層厚〔cm〕,νは動粘性係数〔cm^2/s〕,Uは沪過速度〔cm/s〕,dは沪材粒子径〔cm〕,ϕは形状係数(球形沪材の場合1),εは空隙率,gは重力加速度〔cm/s^2〕,kはコゼニー・カルマン定数である。

沪層内にできる流路は真っすぐでなく,沪材に沿って曲がりくねっているため,実際の流路は沪層厚Lより長くなる。そのため,沪層によって流路長が異なるため,kは一定値とはならず,いままでの実験で得られた値では

150～240 程度となることが確認されている（カルマンは k の値として 180 を示した）。

　一方，沪過が進行し，沪層内にフロックが抑留されると空隙が減少し，流路が狭められるため損失水頭が大きくなる。沪過が進行した状態の損失水頭にもいままでに多くの研究者が多くの研究を重ね，その表現を試みてきた。

　キャンプはフロックが抑留したときの損失水頭をフロックが沪材のまわりに一様の厚さで付着すると考え，初期損失水頭との比として次式で示した。

$$\frac{h}{h_0} = \frac{(1-\varepsilon_0+\sigma)^2}{(1-\varepsilon_0)^2} \cdot \frac{\varepsilon_0^3}{(\varepsilon_0-\sigma)^3} \cdot \frac{1}{\left[\sqrt{\frac{\sigma}{3(1-\varepsilon_0)}+\frac{1}{4}}+\sqrt{\frac{\sigma}{3(1-\varepsilon_0)}+\frac{1}{2}}\right]} \tag{6.17}$$

ここに，ε_0 は初期空隙率，h_0 は初期損失水頭である。

　また，デブ（Deb）はさらに，沪材どうしの接触点数を考慮に入れ，式 (6.18) を示した。

$$\frac{h}{h_0} = \left\{1 + G(1-10^{-k\sigma})\right\} \frac{\varepsilon_0^3}{(\varepsilon_0-\sigma)^3} \tag{6.18}$$

ここに，G, k は定数である。

〔3〕**沪　材**　　急速砂沪過に用いられる沪材はつぎの要件を満足する必要がある。

- ごみ，粘土などの不純物を含まない石英質の硬い砂
- 有効径は 0.45～0.75 mm
- 均等係数 1.7 以下
- 洗浄濁度が 30 度以下
- 強熱減量 0.7% 以下
- 塩酸可溶率 3.5% 以下
- 比重は 2.55～2.65 の範囲
- 摩減率 3% 以下
- 最大径は 2.00 mm 以下，最小径 0.3 mm 以上。やむをえない場合でもそれぞれ超えるものが 1.0% 以下

このように急速砂ろ過で用いられる砂は緩速砂ろ過よりもやや粒径が大きく，均等係数の小さな砂が用いられる。これは急速砂ろ過では砂層全体を有効に用い，ろ過継続時間をできるだけ大きくするためである。

〔4〕 **ろ過池の構造**　必要ろ過池面積は緩速ろ過同様，計画浄水量をろ過速度で除して求め，池数も同様に10池に1池程度の予備池を設け，必ず2池以上とする。また，池面積はろ過速度が大きいため，大きすぎるとろ過の均一性を保つのが困難となるので，150 m^2 程度の大きさとする。

ろ層は緩速砂ろ過同様，下部集水装置の上に支持層である砂利層を設け，その上にろ材を 600〜700 mm の厚さに敷くが，砂利層の構成は下部集水装置により異なる。下部集水装置に対する砂利層の標準的構造を**表6.2**に示す。

表6.2　砂利層の標準構成（「水道施設設計指針（2000）」（日本水道協会）より）

下部集水装置	最小径〔mm〕	最大径〔mm〕	層数	全層厚〔mm〕	層構成の例〔mm〕
ストレーナ型およびボイラー型	2	50	4層以上	300〜500	(4層の場合) 1層　径 2〜5　厚　100 2層　径 5〜10　厚　100 3層　径 10〜15　厚　150 4層　径 15〜30　厚　150
多孔管型	2	25	4層以上	500	(4層の場合) 1層　径 2〜5　厚　100 2層　径 5〜9　厚　100 3層　径 9〜16　厚　150 4層　径 16〜25　厚　150
有孔ブロック型	2	20	4層	200	1層　径 2〜3.5　厚　50 2層　径 3.5〜7　厚　50 3層　径 7〜13　厚　50 4層　径 13〜20　厚　50

ろ層上の砂上水深は少なくとも 1.0 m 以上はとらなくてはならないが，この値は有効ろ過圧を左右し，ろ過継続時間に直接影響するため，理想的にはできるだけ大きくとるほうがよい。しかし，現実にはろ過池の構造上の問題もあり，一般的には有効水頭差を 1〜2 m としてろ過を行うため，砂上水深は 1.5〜2.0 m とする場合が多い。また余裕高を 300 mm 程度とる。

ろ過方式は**重力式**（gravity-type）と**圧力式**（pressure-type）があるが，

一般に重力式が多く採用されている。また，運転方式は沪過中つねに一定の流量で沪過を続ける**定量沪過**（constant-rate filtration）と，沪層の損失水頭の増大に伴い，流量が低減する**減衰沪過**（declining-rate filtration）とがある。定量沪過は損失水頭の変化に応じて，バルブを開くなどして水頭差をつねに一定に保つ装置が必要であるが，減衰沪過はその必要がない。しかし，当然のことながら，単位時間当りの処理量は定量沪過のほうが大きくなり効率的である。水頭差を一定に保つ方法としては，流出側のバルブを損失水頭の増加に応じて開く方法と沪層上の砂上水深を増していく方法とがある。

急速砂沪過では沪過が進行し，つぎのどれかの条件に該当するようになると，沪過を停止し**逆流洗浄**（back washing）により沪層中に抑留した濁質を洗い流し沪層の回復を図る。

（1）沪層全体の損失水頭が規定の値を超し，所定の沪過流量が得られなくなった場合

（2）**ブレークスルー**（break through）といい濁質が沪過水中に流出し，沪過継続が困難となった場合

（3）図 6.18 に示すように，沪層全体としては必要な水頭差が得られるが，沪層の一部が大気圧より低くなった場合。この場合は水中に溶存しているガスが，大気圧以下になることで溶解できなくなり沪層内に気泡を形成し，沪層を乱すためである。

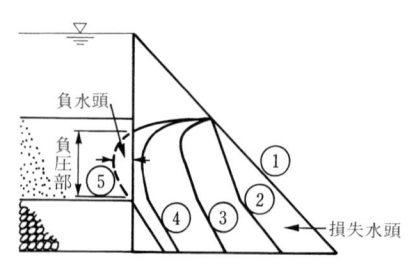

① 通水前　② 沪過開始直後
③ 沪過が進行し，沪層表面にフックが抑留し始めた状態
④ フロックの抑留が沪層表面だけでなく内部にまで進行した状態
⑤ フロックの抑留が進み，ついに沪層内の一部に負圧が生じた状態

図 6.18　沪層内の水圧分布

（4）あらかじめ設定した沪過継続時間を超えた場合。通常，浄水場では上記の（1），（2），（3）のいずれかの条件に達しなくても，一定時間で沪過を打

6.4 沪過

ち切り，沪層を洗浄するように運転している。

洗浄装置は逆流洗浄装置のほか，補助的な洗浄装置として**表面洗浄装置**を設置することが多い。濁質は沪層の表面5cm程度にそのほとんどが捕捉抑留される。このため，表面の洗浄が不十分だと砂粒子どうしがたがいに付着して**マッドボール**（mudball）と呼ばれる塊をつくることがある。このため，マッドボールの生成を防ぎ，沪層全体を効率的に洗浄するため，沪層表面付近にジェットノズルを設け，水の噴射力を利用して泥状層のフロックを砂からはく離させる。表面洗浄装置はさらに逆流洗浄により沪層が膨張すると，表層部分だけでなく，より深い層の沪材の衝突を強め，フロックのはく離を進める副次的効果もある。**表6.3**に示すように表面洗浄装置には固定式と回転式がある。

表6.3 逆流洗浄の水量，水圧および時間の標準（「水道施設設計指針（2000）」（日本水道協会）より）

項目 \ 洗浄方式	表面洗浄と併用の場合		逆流洗浄のみの場合
	固定式	回転式	
表面噴射水圧〔m〕	15〜20	30〜40	
同 水量〔m²〕	0.15〜0.20	0.05〜0.10	
同 時間〔分〕	4〜6	4〜6	
逆流洗浄水圧〔m〕	1.6〜3.0	1.6〜3.0	1.6〜3.0
同 水量〔m²〕	0.6〜0.9	0.6〜0.9	0.6〜0.9
同 時間〔分〕	4〜6	4〜6	4〜6

逆流洗浄は下部集水装置から圧力水を沪層内に逆流させ，沪材を浮遊状態に保ち，沪材どうしの衝突により，捕捉抑留したフロックを洗い流す装置である。この場合，沪材をどの程度膨張させて流動状態をどの程度に保ちながら洗浄するかが重要であり，これにより洗浄効率が大きく左右される。すなわち，水量が多すぎれば，沪材の流出が起きる上，沪材間の距離が大きくなり，沪材どうしの衝突回数が減じ，洗浄効果が低下する。また水量が少なく，不十分な膨張では洗浄に長時間を要する上，十分な洗浄効果が得られない。このように，逆洗時の操作条件は重要であるが経験的に逆流洗浄水圧$1.6〜3.0\,\mathrm{m}$，沪層単位面積〔m²〕当りの水量$0.6〜0.6\,\mathrm{m}^3$，洗浄時間4〜6分で，膨張率30%程度がよいとされている。

第6章 浄　　　水

　逆流洗浄の効果をさらに高める方法として空気洗浄がある。この方法はろ層の下部から空気を吹き込んで，空気によるろ材の衝突効果で濁質のはく離を促すものである。表面洗浄は併用しないが，逆流洗浄は併用し，空気洗浄後に逆流洗浄を行う場合や，両方を同時に行う場合もある。必要な空気量は洗浄方法にもよるが，おおよそ $0.8 \sim 1.5 \, \text{m}^3/\text{min}/\text{m}^2$ 程度であり，洗浄時間は $5 \sim 8$ 分程度である。空気洗浄は下部集水装置を通じて行うため，下部集水装置は空気が均等に配分できる構造のものを選定する必要がある。

　下部集水装置は緩速ろ過同様，ろ層全体を均一に働かせるため，ろ層全体から一様にろ水を引き抜く役目に加え，逆流洗浄時には逆にノズルとして働き，全体を均一に洗浄できるものがよい。特に空気洗浄を併用する場合は，空気は水と比較してはるかに粘性が小さいので，均一性に配慮する必要がある。また，逆流洗浄時に損失水頭がなるべく小さなものが望ましい。現在，有孔ブロック型，ストレーナ型，多孔管型，多孔板型，ホイラー型などがある。

　有孔ブロック型は，図 6.19 に示すように送水室と分散室からなる成形ブロックでできており，それを並べて使用する。損失水頭は他のものと比較すると最も小さく，開口率は $0.6 \sim 1.4\%$ 程度である。

　ストレーナ型は，図 6.20 に示すように耐食性のある管を本・支管配列し，管に設け

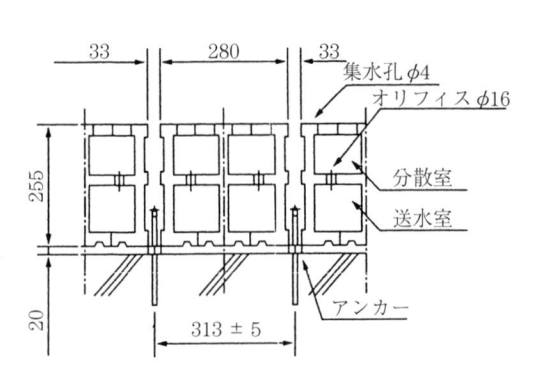

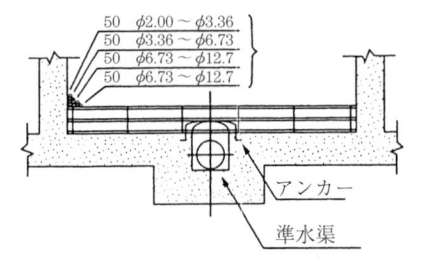

図 6.19　有孔ブロック型下部集水装置（単位 mm）
　　　　（「水道施設設計指針（2000）」（日本水道協会）より）

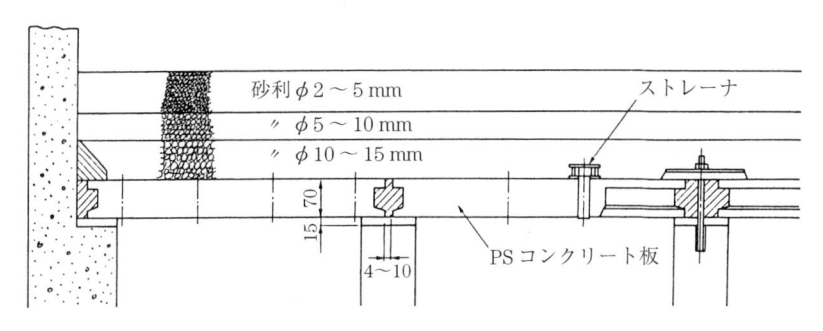

図6.20 ストレーナ型下部集水装置（単位 mm）（「水道施設設計指針（2000）」（日本水道協会）より）

たストレーナを通じて，集水，逆流洗浄を行うもので，ストレーナ間隔は10〜20 cmがよい。管材は石綿管が使用されたときもあったが，健康上の理由で現在では金属管かプラスチック管が使用される。

多孔管型は，図6.21に示すように下向きに集水孔を設けた管を支台上に設置するもので，支管間隔は30 cm以下とし，孔径は6〜12 mm，

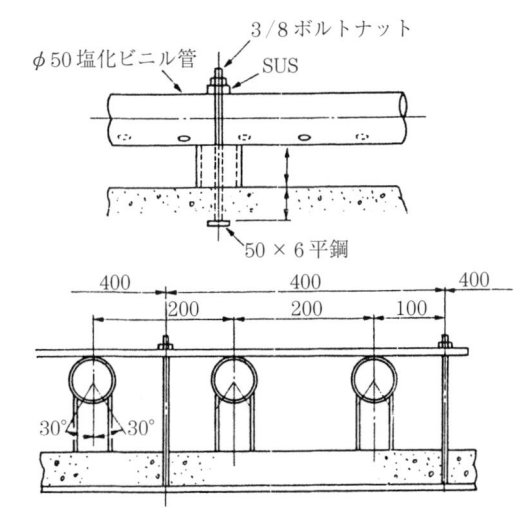

図6.21 多孔管型下部集水装置（単位 mm）（「水道施設設計指針（2000）」（日本水道協会）より）

孔間隔は75〜200 mm である。管材は耐食性，耐久性，耐圧性に優れているものがよい。

多孔板型はポーラススラブを用いて圧力室をつくるもので，材料には溶融アルミナが用いられる。この装置は支持層の砂利層を省略できるため，沪過池を浅くすることができる。

ホイラー型は5個または14個の磁球を角錐形の切り込みをもつ孔に入れ，

均一な集水と逆流洗浄時のノズルとさせるものであるが，最近ではほとんど採用実績がない。

〔5〕 急速濾過の変法

（a） **上向流式濾過**　急速砂濾過池は逆流洗浄を行うので，沈降速度の関係で濾層の上部になるほど砂の粒子が小さくなる。そのため，フロックは濾層上部ほど捕捉されやすく，濾層表面近くにほとんどのフロックが抑留し，濾層全体が有効に活用されていない。そこで濾層内の流行方向を逆にし，下から上へ向けて濾過する方法を上向流式濾過という。この方法だと濾層が有効に活用されることになるが，欠点は水流が濾材を持ち上げようとする力として働くため，濾過速度を大きくすると濁質のブレークスルーが生じやすくなる点である。

（b） **バイフロー濾過**　上向式濾過は濾層がゆるむことから，濾過速度を大きくすることができない欠点があったが，バイフロー濾過はこの欠点を水を2方向から流すことによって解決を図ったものである。すなわち，濾層の上下から2方向に向かって濾過をし，濾層の中間に集水ストレーナを設けて濾水を引き抜く。これによって濾層のゆるみが抑止されるため，上向流式濾過に比べて濾過速度を大きくとることができる。

（c） **多層濾過**　多層濾過は比重の異なる濾材を用いて，濾層の上部から下に向かって順々に濾材径を小さくするようにしたものである。濾材としては砂より比重の小さなものとしてアンスラサイト（比重1.3～1.7），大きなものとしてはガーネット（比重3.4～4.3）が用いられる。普通は砂とアンスラサイトの2層で用いられることが多い。これにより，濾層のもつ懸濁質の捕捉容量は非常に大きくなるが，欠点は逆流洗浄時にすべての濾材に対し最適な洗浄条件が存在しない点にある。

（d） **マイクロフロック法**　沈澱池を用いずに凝集によりマイクロフロックを作り，直接濾過を行う方法である。すなわち，薬品混和池で急速攪拌をしてマイクロフロックを作ったら，フロック形成を行わずにただちに濾過をする。この方法の特徴はフロックが小さいため濾層の深部にまでフロックが進入

し，沪層全体を効率的に運用することができる点である．また，大きなフロックを作る必要がないので凝集剤の薬注量も少なくてすむし，フロック形成池・沈澱池が不用となる．本法は低濁度で，しかも，濁度変動の小さな原水の場合に有効である．

6.5 膜 沪 過

6.5.1 膜沪過の浄化機構

膜沪過（membrane filtration）は，食品やガス分離の分野で用いられてきた技術を浄水処理に応用したもので，浄水処理に使用される膜はMF膜，UF膜，NF膜である．現在，わが国で実用化されているのは，このうちのMF膜，UF膜を用いた処理であり，これらの膜を使用して行う浄水方式をそれぞれ**精密膜沪過法**（micro filtration），**限外膜沪過法**（ultra filtration）という．両膜の違いは**図 6.22**に示すように膜のもつ微細な孔径にあり，MF膜はその性能を孔径の大きさである公称孔径で表示し，$0.01\,\mu m$程度までのものを指す．一方，UF膜は一般的には膜で分離阻止できる物質の分子量でその性能を表示し，数千daltonから数百万daltonのものが使用されるが，最近は浄水処理で利用される膜に限り，MF膜と同様に公称孔径で表示するようになっている．

膜沪過の浄化機構はきわめて単純で，膜のもつ微細な孔が懸濁質を物理的に

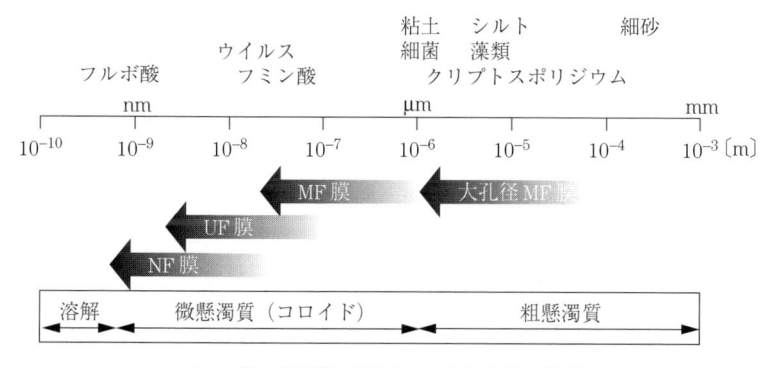

図 6.22 膜沪過で使用される各種膜の孔径

阻止できるかどうかである。したがって，膜の孔径が小さければ小さいほど微細な懸濁質を除去できることになるが，逆に沪過抵抗は大きくなるため，沪過に必要な差圧が大きくなり，エネルギー消費量が増すことになる。水道原水に含まれるおもな微細な懸濁質は，土壌に由来する粘土，落ち葉などに由来する腐植物質，原生動物，細菌，ウイルスなどであるが，図に示すように粘土や原生動物，細菌は比較的径が大きいため，MF膜でもUF膜でも容易に除去することができるが，腐植物質やウイルスはUF膜で除去できるかどうかのサイズである。特に腐植物質のうち低分子量物質であるフルボ酸は，UF膜でも除去が困難な場合が多く，これに由来する色度や異臭味原因物質，消毒副生成物前駆物質などは除去できない。したがって，膜沪過は，比較的清浄な原水で，濁度や大腸菌，一般細菌以外は水質基準を満足しているような場合に向いており，スケールメリットがあまり期待できないこともあっておもに小規模水道に適用されてきたが，最近では10万 m^3/d を超すような大規模浄水場にも採用例が増えつつある。原水条件が，濁度や大腸菌，一般細菌以外の水質項目を満足していない場合は，前処理や後処理に適宜ほかのプロセスを組み合わせて浄水システムを構築する必要がある。

6.5.2 膜沪過方法と沪過膜の回復

膜材質は大別すると有機膜と無機膜の2種類である。有機膜は，ポリフッ化ビニリデン（PVDF）や酢酸セルロース，ポリアクリロニトリル（PAN）のようなプラスチックを原材料とし，形状は中空糸か平膜である。中空糸膜は直径が数mmの中空の糸状の膜で，内側から外側へ沪過をする内圧式と，逆に外側から内側に沪過を行う外圧式がある。また，平膜はスペーサを間に挟み，のり巻き状に重ねて巻いた構造になっている。一方，無機膜はセラミック製であり，管型や膜面積を大きくするため，断面が蓮根状になっているモノリス膜などがある。

沪過方法は1次側を加圧するだけで沪過を行う全量沪過と，1次側の水をポンプなどで循環し，膜表面のファウリング物質を膜面に生じる流れで洗い流しながら沪過を行うクロスフロー沪過がある。また，既存の沈澱池などを改造

し，外圧式の膜を入れ，2次側から吸引沪過を行う浸漬膜もある。

　膜は沪過を継続していく過程で膜表面や膜の細孔内に懸濁質が溜まっていく。この現象を**ファウリング**（fouling）というが，スケールと呼ばれる膜表面に蓄積している物質は比較的簡単に除去することができるが，細孔内部に侵入したり，膜面にしっかりと付着するファウリング物質は容易には除去しにくい。沪過を継続していくと，ファウリングが生じ，沪過抵抗が増していくが，通常は20〜60分程度の間隔で2次側から沪過水を逆流させて洗浄を行うか，空気でのバブリングを併用するなど，物理的にファウリング物質をはく離し，通水性を回復させ，再び沪過を繰り返す。それでも徐々に目詰まりが進行し，ついには実用的な圧力での沪過が困難になった場合は，薬品を使って沪過能力の回復を図る。前者を物理洗浄と呼び，一般には沪過水や空気を使用する。また，後者は薬品洗浄と呼ばれ，ファウリング物質に応じて硫酸やクエン酸などを用いる酸洗浄や次亜塩素酸ナトリウムやか性ソーダを用いるアルカリ洗浄を組み合わせて行う。

6.6　消　　　毒

　水道水の水質は飲用水として安全であることが第一要件である。したがって，病原菌の汚染に対してはつねに万全でなければならない。そのため，どんなに清浄な原水に対しても必ず殺菌をしてから給水をする。水道ではこれを**消毒**（disinfection）といい，その方法としては塩素，オゾン，紫外線などを用いる方法があるが，わが国の水道では厚生労働省令により塩素で消毒をする。また水道施行規則で給水栓での**残留塩素**（residual chlorine）**濃度**を定めている。それによると，『給水栓における水が，遊離残留塩素を 0.1 mg/L（結合残留塩素の場合は，0.4 mg/L）以上保持するように塩素消毒をすること。ただし，供給する水が病原生物に著しく汚染されるおそれがある場合，または病原生物に汚染されたことを疑わせるような生物，もしくは物質を多量に含むおそれがある場合の給水栓における水の遊離残留塩素は 0.2 mg/L（結合残留塩素の場合は，1.5 mg/L）以上とする。』と規定している。

6.6.1 塩素による消毒法

消毒に用いられる塩素は塩素ガス，次亜塩素酸ナトリウム，さらし粉などがある．このうち塩素ガスが最も広く使われていたが，最近では取扱いの安全上の問題から次亜塩素酸ナトリウムが使われることが多い．

塩素は水に注入すると，加水分解して，次亜塩素酸を生ずる．

$$Cl_2 + H_2O \rightleftharpoons HOCl + HCl \tag{6.19}$$

次亜塩素酸は pH により，次式のようにイオン分解する．

$$HOCl \rightleftharpoons H^+ + OCl^- \tag{6.20}$$

式 (6.20) の反応は水温によっても異なるが，図 **6.23** に示すように pH が高くなると，次亜塩素酸イオンに解離するようになる．殺菌力があるのは HOCl と OCl^- であり，HOCl のほうが殺菌力が強い．したがって，塩素消毒は pH の低い範囲で行ったほうが有利であるが，式 (6.19) で示されるように塩素ガスは水中で加水分解して塩酸を生成し，酸性に働くので都合がよい．

殺菌の機構はまだ完全に解明されているわけではないが，グリーン (Green) の説が現在では最も説得力がある．すなわち，塩素がグルコースの酸化酵素を破壊し，酵素の働きを失わせることで殺菌力をもつという考え方である．その他，発生機酸素説，吸着毒性説がある．しかし，いずれにしても塩素による殺菌反応は瞬時の反応ではなく一般に 1 次反応に従う．

$$\frac{dN}{dt} = -kN \tag{6.21}$$

ここに，N は菌体数，k は反応速度定数である．

水に塩素を注入していくと，塩素注入率と残留塩素濃度とには図 **6.24** に示

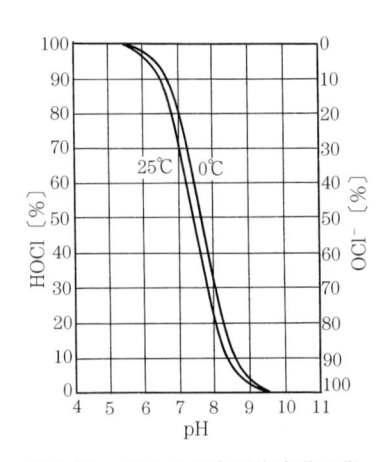

図 6.23 pH による次亜塩素酸の挙動（岩戸武雄ほか著「衛生工学ハンドブック」(朝倉書店) p.304 より）

すような三つの形態が考えられる。

I型は水中に有機物質や細菌のような被酸化物質がまったく存在しない場合で，実際にはほとんど存在しない。II型は水中に有機物や被酸化物質がある場合で，注入した塩素はそれらの酸化に消費されてしまい水中に残留しない。この点aまでの塩素注入率を**塩素要求量**という。この点を超えて注入された塩素が初

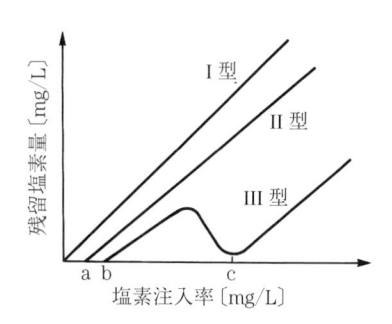

図6.24 塩素注入率と残留塩素の関係

めて残留塩素となり，殺菌力を保持した水道水が得られることになる。また，III型は水中にアンモニアが存在した場合に生じる形態で，塩素要求量を超えて注入された塩素は水中で次亜塩素酸に加水分解された後，つぎの反応により**クロラミン**（chloramine）を生成する。

$$\left.\begin{array}{l} NH_3+HOCl \longrightarrow NH_2Cl+H_2O \\ NH_3+2HOCl \longrightarrow NHCl_2+2H_2O \\ NH_3+3HOCl \longrightarrow NCl_3+3H_2O \end{array}\right\} \quad (6.22)$$

クロラミンがどの形態となるかはpHやアンモニアの存在量によって異なるが，NCl_3（トリクロラミン）を除いてNH_2Cl（モノクロラミン），$NHCl_2$（ジクロラミン）は殺菌力があり，残留塩素として働く。しかし，この反応が終了し，アンモニアが塩素によりすべて分解されると，その後，さらに加えられた塩素はクロラミンを分解する働きをし，逆に残留塩素を減少させる。そして，クロラミンがすべて分解されると，II型と同じになり，再び残留塩素として水中に残存するようになる。この点cを**不連続点**（break point）といい，不連続点を超えて塩素を注入することを**不連続点塩素消毒法**（break point chlorination）という。

このように，Cl_2，$HOCl$，OCl^-の形態で殺菌力を有する残留塩素を**遊離残留塩素**（free residual chlorine）といい，わが国の水道では給水栓の濃度で0.1 mg/L以上（病原生物による汚染が疑わしい場合は0.2 mg/L以上）なけ

ればならないとしている。

　一方，クロラミンのようにほかの物質と結合した状態で殺菌力を有する残留塩素を**結合残留塩素**（combined residual chlorine）という。結合残留塩素は遊離残留塩素に比べ殺菌力が弱いため，給水栓で 0.4 mg/L 以上（病原生物による汚染が疑わしい場合は 1.5 mg/L）あることが義務付けられている。クロラミンは，殺菌力の点では遊離塩素に及ばないが，無臭であり，水にいわゆるカルキ臭をつけないという利点もある。

　消毒を目的として塩素を注入するのは浄水の全プロセスが終了したあとに対してであり，これを**後塩素処理**（post-chlorination）という。これに対し，有機物の酸化や，アンモニアの除去，あるいは鉄やマンガンの酸化を目的とし，原水に塩素を注入するのを**前塩素処理**（pre-chlorination）という。また最近は後述するトリハロメタンの生成を抑えるため，前塩素処理の代わりに沈澱池と沪過池の間で中塩素処理と呼んで塩素を注入することがある。

　塩素ガスは猛毒であり，貯蔵中に万が一にも漏れることは許されない。そのため，塩素ガスを貯蔵する場合は「高圧ガス取締法」に基づく「一般高圧ガス保安規則」，「労働安全衛生法」に基づく「特定化学物質等障害予防規則」などの厳重な規制があり，計画時から法令が遵守できるよう十分に配慮する必要がある。したがって，塩素入手の難易にもよるが，大量の塩素を貯蔵することは避けるべきであり，通常は 10 日分程度を貯蔵すれば十分である。

　注入装置は塩素剤を安全・正確に注入し，かつ保守の容易なものが望ましい。液化塩素の注入装置には湿式圧力式，乾式圧力式，湿式真空式などがある。

　湿式圧力式は液化塩素でいったん濃厚な塩素水を作り，それを水中に目的濃度になるよう注入するもので，塩素の混和が均一となり小容量形としてよく用いられる。乾式圧力式は液化塩素をガス化し，そのまま直接注入する方法である。この方法は装置は簡便であるが，未溶解の塩素ガスが漏れることがあり，現在ではほとんど利用されていない。一方，湿式真空式は塩素ガスをインジェクタを用いて注入する方式で，現在，最も広く用いられている方式である。この方式はジェット水流によって生ずる負圧を利用してガスを吸引させ溶解させ

るもので，水の流れが止まれば圧力差がなくなり，ガス注入も自動的に停止するため，装置としての安全性が高い。しかし，溶解させるのに相当な水圧が必要となる欠点がある。

塩素ガスを使用する場合は，保安装置と除外装置を付けることが義務付けられており，一般には警報装置と中和装置，送風機が設置される。ガスが漏洩した場合は，カセイソーダを用いて中和するのが一般的で，次式の反応で塩素ガスは次亜塩素酸ナトリウムと食塩になる。

$$Cl_2 + 2NaOH \longrightarrow NaOCl + NaCl + H_2O \qquad (6.23)$$

最近は，毒性が強く，取り扱い難い塩素ガスに代わり，次亜塩素酸ナトリウムが用いられる場合が多い。次亜塩素酸ナトリウムは，市販品を購入するか浄水場で食塩水を電気分解して製造するが，注入は高濃度の溶液を用いた湿式注入が一般的である。現場生産の場合は，食塩に不純物として含まれる臭化物が電気分解で臭素酸に酸化される場合があるので，食塩の純度に注意する必要がある。

6.6.2 その他の消毒法

遊離塩素による消毒は，原水中のフミン質などの有機物質と反応し，トリハロメタンなどの有機塩素化合物を生成し，それによる健康影響が懸念されることから，他の消毒法が検討されている。同じ塩素剤を用いる方法では，トリハロメタンを生成しないクロラミンなどの結合塩素を用いる方法や**二酸化塩素**(chlorine dioxide) が検討されている。クロラミンはカルキ臭もなく管材に対する腐食性も低いことから，代替消毒剤としての期待が高いが，消毒力が弱いため，オゾンや紫外線照射などの他の消毒手段と組み合わせて利用することが考えられている。また，二酸化塩素には発癌性はないが，不純物として含まれる亜塩素酸が赤血球中のヘモグロビンを酸化し，メトヘモグロビンを形成するので注意が必要である。

塩素剤以外の消毒法には，**オゾン消毒**（ozone disinfection）および**紫外線消毒法**（ultraviolet disinfection）がある。オゾン（O_3）は酸化力分解が強いことから，後述する高度浄水処理に用いられるが，消毒力は遊離塩素よりも強

く，フランスでは塩素消毒が実用化される以前から消毒剤として用いられてきた。詳しくは高度浄水処理で記述するが，オゾンは分解過程で生成する酸素原子の酸化力で殺菌するため，残存する菌体数に無関係なゼロ次反応に近い速度で殺菌が進行する。しかし，残存性がないため，注入が不十分だと，生き残った菌が再び増殖する場合があるほか，消毒後に汚染を受けると急速に増殖が生じる欠点がある。紫外線は殺菌ではなく不活化であり，254 nm の波長が最も強い不活化力を発揮する。そのため，光源には水銀ランプが用いられるが，ランプの寿命がそれほど長くないことから，維持管理費が高くなることと，懸濁物質があると，それに菌がブロックされ，消毒効果が低下する欠点がある。また，細菌によっては，いったん不活化しても可視光の照射で再び活性を取り戻す光回復があることが知られている。しかし，クリプトスポリジウムなどの病原性原虫の不活化には最も有効な処理手段であり，10 mJ/cm^2 程度のわずかな照射量で感染性を失うことが明らかになっている。オゾン処理，紫外線処理法とも装置費や運転費は高価であるが，残留性がなく臭味をつけない利点があり，今後は主要な消毒手段となると考えられる。

6.7 高度浄水処理と特殊処理

昭和59年生活環境審議会は「高普及時代を迎えた水道行政の今後の方策」を答申した。これを契機として，昭和63年にガイドラインが定められ，高度浄水処理が導入された。導入当初は異臭味物質，THM 前駆物質，色度，アンモニア，陰イオン界面活性剤を除去対象とする処理施設である**生物処理**（biological treatment），**オゾン処理**（ozonation），**活性炭処理**（activated carbon treatment）が高度浄水処理の対象であったが，現在では特に処理法にかかわらず，通常処理では除去できない物質を除去することを目的として導入される処理施設を含めて，高度浄水処理と位置付け，国は補助対象事業としている。

6.7.1 生物処理

汚染の進行した原水は，家庭排水の混入などで有機物質やアンモニア性窒素

濃度が高い場合が多い。そのため，有機物質の除去やアンモニアの硝化を目的として，前処理として生物処理が行われる。通常はハニコムと呼ばれる蜂の巣状の形をした六角形を組み合わせた装置に，原水を空気で曝気しながら循環し，装置内に付着した好気性微生物の働きで有機物質の除去と硝化を行う装置である。

6.7.2 オゾン処理

オゾンはきわめて不安定な物質で簡単に分解し，酸素分子で安定しようとする。このとき，酸素原子が放出されるが，これが強い酸化力を持っているため，水中に有機物質のような被酸化物質があると，即座に反応し，酸化する。特に二重結合のような不飽和結合があると，その部分が酸化されやすい。これにより，ジェオスミンや MIB などのかび臭原因物質，トリハロメタン前駆物質，色度成分などが酸化分解される。

$$O_3 \longrightarrow O_2 + O \tag{6.24}$$

また，オゾンは OH^- イオンとの反応を開始反応とし，**OH ラジカル** (OH radical) を生成する。これはきわめて不安定な物質であるが，酸化力は酸素原子よりもはるかに強く有機物質などを酸化分解する。OH ラジカルは，水中に被酸化物質がないとオゾン分子と反応するために，溶存オゾンがしだいに分解されていく。この反応が水溶液中のオゾンの自己分解反応である。したがって，OH ラジカルによって酸化分解される物質は，オゾン溶液がアルカリ性であるほど分解速度が大きくなる傾向を示す。また，炭酸は OH ラジカルを消費するため，富栄養化の進んだ湖沼水などのような無機炭素濃度が高い原水では，オゾンの酸化力が低下する。

オゾンは無声放電法と呼ばれる方法を用いて現場で生成する。この方法はガラス電極と金属電極の間に酸素を含む乾燥したガスを通し，1〜2万 V の高圧電流を放電すると酸素分子が励起状態となり，酸素原子を生成し，さらに酸素分子と反応し，オゾンを生成する。原料ガスにあらかじめ除湿した空気を使用するのが一般的であるが，空気の大半を構成する窒素分子も同様の反応を生ずるのでオゾンの生成効率が低下する。また，生成したオゾンは，同時に分解反

応も起きるので，生成したオゾンがすべて有効に利用されることにはならない。生成したオゾン化ガスは，直接オゾン反応槽中に注入し，使用する。注入方法はディヒューザが一般的であるが，インジェクタを用いる方法もある。反応槽は図 6.25 に示すように流入水を下方向に流しながらオゾン化ガスを下部から注入する向流接触が一般的であり，小規模施設では一段接触槽が多いが，大規模施設では向流多段接触槽が用いられる。また，ガスの溶解効率を高めるため，下方管注入式が用いられる場合がある。この方法は，10 m 以上の深い反応槽に下部まで達する細い管を用いて原水を流入させ，その入口部にオゾン化ガスを注入する。流入管は細く，流速が大きく，乱れが大きいために乱流混合が生じ，オゾンの溶解は反応槽下部に達するまでにほとんど完了する。その後，高濃度のオゾン溶液は，ゆっくりと反応槽を上昇し，反応が進行する。

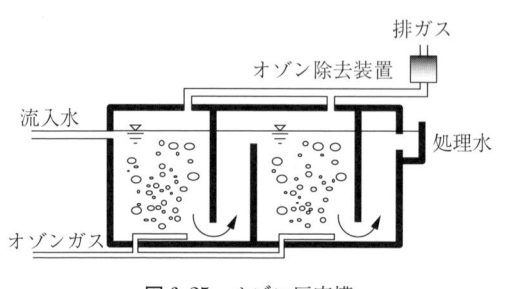

図 6.25 オゾン反応槽

オゾンは酸素原子による直接反応と OH ラジカルによる間接反応でフミン質などを酸化分解するが，炭酸ガスと水にまで完全に無機化することはできない。そのため，フミン質のように構造が特定できない物質は多くの中間生成物を生成する。その中にはアルデヒド類のように健康影響が懸念される物質もある。また，オゾンは有機物質以外に無機物質も酸化する。例えば，原水中に臭化物イオン（Br^-）があると，これを酸化し，臭素酸（BrO_3^-）を生成する。臭素酸は発癌性が疑われるため，その抑制は重要課題である。また，最近では酸化力の強い OH ラジカルをより効率的に利用するため，オゾン処理に過酸化水素処理や紫外線照射処理を併用する**促進酸化法**の利用が検討されている。

6.7.3 活性炭処理

活性炭処理は，粉末活性炭と粒状活性炭を使用する方法がある。水道用の活性炭の原料には石炭か椰子殻が使用されるが，活性炭は微細な孔が無数にあ

り，きわめて大きな表面積を持ち，物質を吸着除去する。細孔の大きさで被吸着物質の大きさが異なるが，分子量100～1 000 dalton程度のものを吸着除去する。そのため，界面活性剤や微量有機物質の除去に効果的である。この中には水道水に不快な異臭味をつける物質や，着色物質などが含まれており，近年のように水道水源が汚染されてくると，活性炭処理の必要性はますます増加する傾向にあると考えてよい。

　粉末炭は通常はスラリー状のものか粉末状のまま直接原水に加え，20分以上接触させた後，ほかの懸濁質とともに凝集沈澱により除去する。除去された活性炭は，排水処理されるために回収再利用は行えないが，価格は粒状炭に比べ安価である。一方，粒状炭は沈澱処理水や沪過水に対し，流動層または沪過接触により処理を行う。粒状炭は3～6か月程度で吸着飽和を起こし，吸着力を失うため，吸着能を利用する処理方法では再生処理を行う必要がある。再生は水蒸気賦活法によるが，再生時に1～5％ぐらいが減量するので，補てんが必要となる。

　吸着能を利用する処理方法のほかに，活性炭上に生育する微生物の酸化力を利用し，有機物質の除去を行う**生物活性炭**（biological activated carbon）処理がある。この方法は活性炭の吸着能が低下するころから，活性炭上に自然に生育した微生物による生物活性がしだいに高まり有機物質を除去するため，活性炭の寿命が5年から8年程度と長く保て，処理費が安価になるのが特徴である。前段にオゾン処理を組み合わせ，オゾン処理で腐植物質などの生物難分解性の物質を生物分解可能な物質に変えることでより効果的に有機物質の除去が行える。そのため，浄水処理では生物活性炭として利用されることが多い。

6.8　特　殊　浄　水
6.8.1　除鉄・除マンガン

　鉄とマンガンは自然水中に共存していることが多い。特に地下水中では土壌中の有機物質の分解の結果生じた炭酸ガスが，浸透中に地中の成分を溶解するため，炭酸水素塩の形態で存在することが多い。また，鉱山廃水の流入する河

川では硫酸第一鉄の形で溶解するし，泥炭地帯を流下する河川はフミン質と結合した状態の有機鉄で存在する．一方，マンガンも鉄と同様に2価の状態で存在し，炭酸水素塩，硫酸塩，コロイドまたは有機物質と結合した状態で原水中に含まれる．

鉄，マンガンの除去原理は，それらの物質を酸化させ，不溶性の物質に変えて沈澱除去する方法がとられるが，マンガンは酸化速度が遅いだけその除去がやっかいである．

〔1〕 **空気酸化** エアレーションを行い，鉄は不溶性の水酸化第二鉄に，マンガンは4価の二酸化マンガンに変えることにより，沈澱除去する方法である．pHによって反応速度が異なり，pHが高いほど効果が大きい．そのため，鉄を除去するにはpHを8.0以上に調整する必要があり，アルカリ剤の添加が必要な場合がある．マンガンの酸化速度はきわめて遅く，この方法ではほとんど効果がないと考えてよい．もし，エアレーションで除去するのであれば，pHを9〜10とし，コークス棚を用いて曝気するか，2重沪過をする方法がある．

〔2〕 **塩素酸化** 塩素酸化は空気酸化よりはるかに効率的で，除鉄の場合はpHを調整する必要がない．理論上は塩素1 mg/Lで鉄1.6 mg/L程度が酸化できるが，原水中に有機物や窒素化合物があれば，それによっても塩素が消費されるので，塩素注入量が増す．

マンガンも空気酸化の場合よりは除去が進むが，鉄と異なりpHを9程度に調整する必要がある．塩素の注入量は残留塩素濃度が0.5 mg/L程度となれば十分である．そのため，前塩素処理で不連続点塩素処理を行い，除マンガンを行うことが多い．また，塩素より酸化力の大きい二酸化塩素を利用する方法もある．

〔3〕 **触媒，接触酸化** 銅は，鉄とマンガンの酸化に対し，触媒作用をもっている．そのため，硫酸銅を微量添加すれば，酸化を促進させることができる．

一方，沪過砂が水酸化第二鉄や酸化マンガンでコーティングされると接触に

より酸化析出が進む。特にこの方法は酸化速度の遅いマンガンには有効で，マンガン砂と呼ばれる酸化マンガンでコーティングした砂を用いて，有効にマンガンを除去することができる。

〔4〕 **過マンガン酸カリウムによる酸化**　過マンガン酸カリウムを用いて酸化する方法は古くから試みられている。この方法は有機物質と結合した鉄やマンガンの酸化にも有効に働く。しかし，高価なため，除鉄を目的に使うことはほとんどない。1 mg/L のマンガンの酸化には理論上 1.92 mg/L の過マンガン酸カリウムが必要であるが，塩素を併用すれば半分程度の注入量でもよい。これにより生成した酸化マンガンは微粒子で，硫酸アルミニウムだけの凝集フロックでは沈降しにくいので，活性ケイ酸や高分子凝集補助剤を併用すると効果的である。

〔5〕 **その他の除去法**　鉄，マンガンのその他の除去法としては，オゾン酸化，イオン交換などがある。

6.8.2　生物除去法

湖沼水や貯水池を水源とする場合，原水中には藻類が多く含まれることがあり，浄水処理プロセスに種々の障害を発生させる。例えば，生成したフロックの密度が小さく軽くなり沈降速度が小さくなる結果，フロックが沈澱池で沈澱せずに流出し，沪過池のフロック流入量が増え，閉塞を早めたり，水に異臭味を付けたりする。また，塩素と化合し，発癌性物質であるトリハロメタンをつくる前駆物質ともなる。除去法は大別して沪過による方法と，生物を殺し，沈澱除去する方法とがあるが，できれば取水点で藻類の少ない原水を得られるよう工夫するのが一番よい。

〔1〕 **2 段沪過法**　2 段沪過法は細かい砂利を使った沪過池と緩速沪過池か急速沪過池を組み合わせる方法である。すなわち，通常の沪過プロセスの前段に予備沪過的な役割を果たす 1 次沪過を設け，生物の除去を図るもので，2〜6 mm 程度の細かい砂利を 350〜650 mm 程度の厚さに敷いた沪層で，80〜100 m/d の沪過速度で沪過する。沪層の回復は空気を併用した逆流洗浄が用いられる。

〔2〕 **マイクロストレーナ法**　マイクロストレーナ (microstrainer) とは，図6.26に示すように，ドラム状の筒の外側を有効径で35～142μm程度の細孔をもつ網とし，スクリーニング作用により藻類を除去するものである。網は金属製または合成繊維製のものがあり，全体の3/5程度が水に沈むように設置し，ドラムをゆっくりと回転させながら原水を送り藻類の除去を行う。したがって，用いる網の開き目の大きさによって除去効率が変わるので，発生する生物の種類をよく検討した上で網目を決定する必要がある。

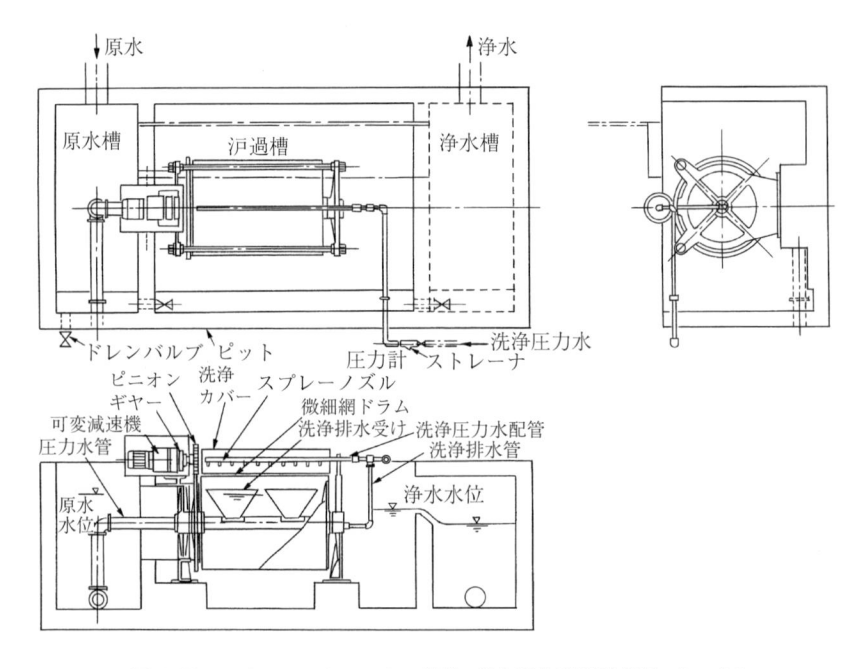

図6.26　マイクロストレーナの構造（「水道施設設計指針（2000）」
　　　（日本水道協会）より）

〔3〕 **薬品処理**　生物の防除は浄水場でなく水源で行うのが一番望ましい。しかし，水源が水道専用の貯水池でなく，天然湖沼や多目的人工湖，あるいは河川の場合ではほかへの影響があり，この方法を採ることができない。

水道専用の人工貯水池の場合は，貯水池に直接薬剤を散布し，殺藻を行うことができる。用いられる薬剤は，硫酸銅，塩素，塩化銅などであるが，硫酸銅

が最もよく用いられる。

　薬剤処理は藻類が大量に発生する直前に貯水池全体に均一に散布するのがよく，散布の時期を間違えると，必要な薬剤量が多くなったり，効果が上がらなかったりする。したがって，平時から観察を続け，特に湖水の透明度の変化や pH の変化に注意を払っておく必要がある。

6.9 排泥処理

　浄水処理は一言でいえば固液分離である。したがって，浄水処理をすれば必ず排水が生じる。浄水場は浄水能力が $10\,000\,\mathrm{m^3/d}$ を超すと水質汚濁防止法の「特定施設」に該当するため，**表 6.4** に示す排水基準が適用される。そのため，排水処理をして放流することが義務付けられている。排水処理を行えば必然的に排泥が発生するが，処理の方法，程度は，排泥の最終処分方法に依存する。最近は下水道施設の普及が進んでいるので，下水道施設に放流し，一体化処理する方法も考えられるし，効率を上げるためパイプ輸送し，他の浄水施設で一括処理する方法などもある。

6.9.1 濃縮と脱水処理

　図 6.27 は排泥処理の最も一般的なフローシートである。すなわち，沪過池の逆流洗浄廃水や沈澱池の汚泥を排泥池に一時ためておき，**濃縮**（thickening），**脱水**（dewatering）の後，**脱水ケーキ**（sludge cake）として処分する。

　濃縮は**重力式濃縮**（gravity thickening）が一般的である。重力式濃縮とは汚泥を静置し，汚泥を沈降濃縮させるものであるが，汚泥の沈降は**図 6.28** に示すような**干渉沈降**から**圧密沈降**の範囲である。そのため，必要な濃縮槽の所要面積は得られる汚泥の性状により異なってくる。理想的には，$3.0\,\mathrm{m^2}$ 以上の面積をもつ深さ $3.5\,\mathrm{m}$ 以上のパイロットランプを用いて，実際に得られた資料で実験により求めるとよいが，回分沈降濃縮試験の結果から必要面積を求める方法も提案されている。**濃縮槽**（thickener）は**図 6.29** に示すように清澄域，沈降濃縮域，圧密域とからなり，必要な有効水深は $3.5\sim4.0\,\mathrm{m}$ である。

　脱水は天日乾燥床法と機械脱水法がある。

表6.4 排水基準(水質汚濁防止法3条)

項目	許容限度
(a) 有害物質	
カドミウムおよびその化合物	0.1 mg/L
シアン化合物	1 mg/L
有機リン化合物	1 mg/L
鉛およびその化合物	0.1 mg/L
六価クロムおよびその化合物	0.5 mg/L
砒素およびその化合物	0.1 mg/L
水銀およびアルキル水銀その水銀化合物	0.005 mg/L
アルキル水銀化合物	検出されないこと
PCB	0.003 mg/L
トリクロロエチレン	0.3 mg/L
テトラクロロエチレン	0.1 mg/L
ジクロロメタン	0.2 mg/L
四塩化炭素	0.02 mg/L
1,2-ジクロロエタン	0.04 mg/L
1,1-ジクロロエチレン	0.2 mg/L
シス-1,2-ジクロロエチレン	0.4 mg/L
1,1,1-トリクロロエタン	3 mg/L
1,1,2-トリクロロエタン	0.06 mg/L
1,3-ジクロロプロペン	0.02 mg/L
チウラム	0.06 mg/L
シマジン	0.03 mg/L
チオベンカルブ	0.2 mg/L
ベンゼン	0.1 mg/L
セレンおよびその化合物	0.1 mg/L
ホウ素およびその化合物	10 mg/L(海域以外), 230 mg/L(海域)
フッ素およびその化合物	8 mg/L(海域以外), 15 mg/L(海域)
アンモニア, アンモニウム化合物, 亜硝酸化合物, 硝酸化合物	アンモニア性窒素濃度×0.4 および亜硝酸性窒素, 硝酸性窒素で 100 mg/L
(b) その他	
pH	5.8〜8.6(海域以外), 5.0〜9.0(海域)
BOD	160 mg/L(日平均 120 mg/L)
COD	160 mg/L(日平均 120 mg/L)
浮遊物質量(SS)	200 mg/L(日平均 150 mg/L)
ノルマルヘキサン抽出物質(鉱油類)	5 mg/L
ノルマルヘキサン抽出物質(植物油類)	30 mg/L
フェノール類含有量	5 mg/L
銅含有量	3 mg/L
亜鉛含有量	5 mg/L
溶解性鉄含有量	10 mg/L
溶解性マンガン含有量	10 mg/L
クロム含有量	2 mg/L
大腸菌群数	日間平均 3 000 個/cm^3
窒素含有量	120 mg/L(日平均 60 mg/L)
リン含有量	16 mg/L(日平均 8 mg/L)

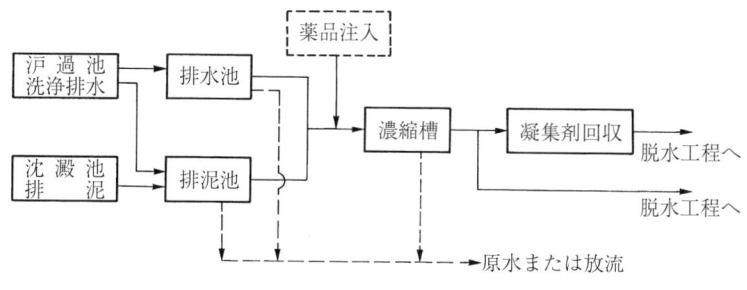

図 6.27 排泥の濃縮工程のフローシート

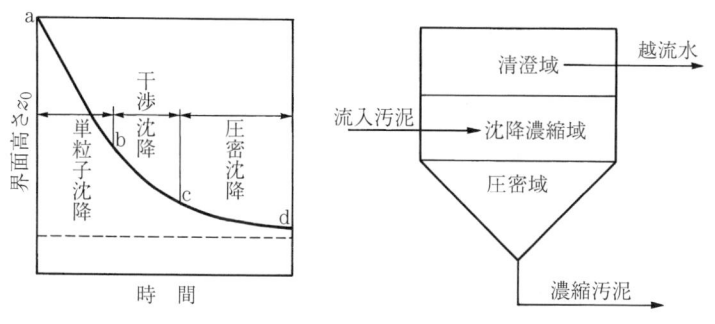

図 6.28 粒子沈降の変化　　図 6.29 重力式汚泥濃縮槽

天日乾燥床（drying-bed）は排水設備を施した砂の床に汚泥を敷き，角落とし堰などで上澄水を取り出しながら汚泥を脱水，乾燥させる設備である。脱水・乾燥が終了した汚泥はそのまま搬出し，処分することができるが，その状態の汚泥を脱水ケーキという。天日乾燥床法は，大別すると脱水工程と乾燥工程に分けて考えることができる。脱水工程では天日乾燥床に入れられた汚泥が固液分離し，上澄水が引き抜かれるのと，下部集水装置を通して沪過により脱水することでまず脱水工程が生じる。次いで風による乾燥工程となり，汚泥表面から乾燥が始まり，ひび割れを発生しながら全体に乾燥が進行してゆく。このように，天日乾燥床は単位面積当りの処理汚泥量（スラッジ負荷量で単位は kg/m^2），汚泥の性状，天候，気温，風などによって異なる。わが国のように国土が南北に細長く，気象条件がさまざまなところでは一概に必要面積の標準値を示すことはできないが，例えば，スラッジ負荷量と乾燥までに必要な日数

の関係を夏期と冬期について示すと図 6.30 のようになる。このように天日乾燥床法は脱水ケーキ搬出までの所要日数が長く，広大な面積が必要であるが，維持管理が容易で経済的という長所がある。そのため，この処理方式は小規模浄水場で汚泥の発生量が少なく，気象条件にも恵まれているところで採用すべきである。なお，最近は乾燥までの所要日数を減らし，効率的運用を図るため，空気を吹き込んで効率改善を図った空気吹込み式天日乾燥床も実用化されている。

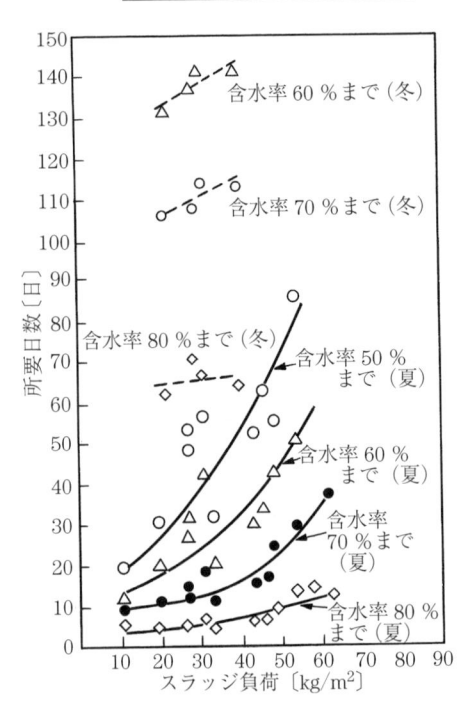

図 6.30 スラッジ負荷と脱水所要日数との関係（「水道施設設計指針（2000）」（日本水道協会）より）

機械脱水は前処理工程と脱水工程とからなる。前処理工程は後段に設置する脱水機の種類によりその方法が異なるが，目的は汚泥粒子を凝集させ汚泥から水を離脱しやすくすることである。最も一般的な前処理方法は石灰添加である。石灰添加により脱水効率がなぜ上昇するかはまだ十分に解明されていないが，現象的にはpHが12以上になると急激に脱水性が改善される。石灰としては消石灰〔$Ca(OH)_2$〕とか生石灰（CaO）が用いられるが，一般的には取扱いの楽な消石灰を用いることが多い。添加量は汚泥固形物量当り15～50重量パーセント程度を必要とする。石灰添加以外には高分子凝集剤が用いられる。

脱水機は真空沪過機，加圧沪過機，遠心分離機などがある。

真空沪過機は図 6.31 に示すようにドラム，沪布と真空装置からなり，沪布上に付着させた汚泥から真空にしたドラム内に水分を吸引するもので，脱水の

完了したケーキは，沪布からはく離し，搬出される。

加圧沪過機は，真空沪過機とは逆に加圧圧縮することで，汚泥中の水分を絞り出すもので，圧力差が真空沪過機に比べて大きくとれるため，より低含水率の脱水ケーキを作ることができる。

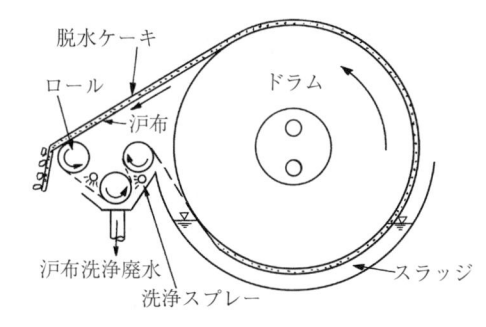

図6.31 ベルトフィルタ型真空沪過機（「水道施設設計指針 (2000)」（日本水道協会）より）

遠心分離機は汚泥粒子と水との密度差を利用して，汚泥を遠心分離するもので，通常は無薬注か高分子凝集剤の添加前処理により運転される。脱水性は前の二つの脱水機より劣り，含水率60〜80%の脱水ケーキしか得られないが，装置が簡便のため，おもに小規模浄水場で利用される。

6.9.2 再利用と最終処分

脱水ケーキは，セメント原料，園芸用土，路盤材など，さまざまな形で有効利用される。しかし，ケーキ搬出はトラックで行うので，取扱い上，少なくとも含水率を85%以下にしておく必要がある。再利用方法としては，浄水場のロケーションにもよるが，近隣にセメント工場があれば，原料として利用するのが最も安定した方法である。その他，腐葉土と混ぜて園芸用の土として販売する方法もある。この場合は，ケーキ中に雑草の種子が含まれている場合があるので，乾燥熱処理を施すとよい。その他は乾燥造粒をして校庭や道路などの路盤材やコンクリート骨材，レンガ材料などの利用法も開発されている。

再利用を図るのが最も良いが，地域的に利用方法が見いだせない場合は，埋立て処分を行う。この場合，重要なことは，土壌汚染や地下水汚染などの2次公害を引き起こさないことである。少しでもその恐れがある場合は，不透水層を設ける必要がある。

第7章 配水および給水

7.1 はじめに

配水 (water distribution) は**配水池** (distribution reservoir) と**配水管網** (distribution network) からなる。配水池は人間の社会活動によって生じる水需要量の時間的な変動を吸収し、安定した配水を確保するためのバッファの役目を果している。また、配水管網は全給水区域に一定の圧力以上で安定した給水を図ることを目的としており、管内の水が停滞しないよう、また複数の経路で給水できるよう網目状に配管されている。配水施設の基礎数値はこの目的を達成するために計画時間最大給水量であり、それに火災時の消火用水を必要に応じて加算したものとしている。また、給水とは配水管から分岐した給水管と給水器具とからなり、需要者に水を給水する設備である。

7.2 配水方式

配水方式は自然流下式とポンプ加圧式がある。

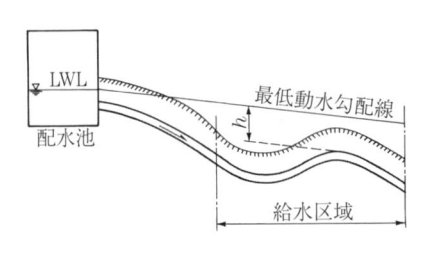

図7.1 自然流下式配水方法

自然流下式は**図7.1**に示すように配水池が給水区域より高い位置にあり、特別に加圧しなくても給水に必要な水圧が得られる場合に利用される。この方式は、停電による断水がなく、安定性の面で優れている。したがって、給

水区域の近くにこのような適所が得られる場合には，この方式を採用するほうが有利で経済的である．しかし，この方式は水圧の調整が困難のため，需要量の減る夜間や冬期には給水区域内の静水圧が必要以上に上がり，管の破損や漏水が多くなる欠点がある．

一方，ポンプ加圧式は**図7.2**に示すように給水区域が配水池と同じ高さか，あるいは高いところにある場合に用いられる．この方式はポンプが必要なため，停電や故障による断水が考えられ，安定性の面では自然流下式に劣る．また，運転費がかかり，配水コストは高くなるが，水圧の調整がやりやすいという利点がある．

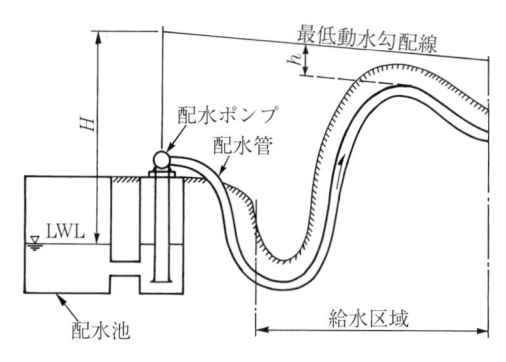

図7.2 ポンプ加圧式配水方法

地勢によっては自然流下式とポンプ加圧式の併用方式も考えられる．これは必要な区域かあるいは時間だけ，ポンプで加圧して水圧不足を補う方法で，場合によっては配水池から離れた位置に2次配水池を設けてポンプで加圧することもできる．

7.3 配　水　池

配水池は水需要量の時間的な変動を吸収し，浄水場で一定の処理量で浄水が行えるよう，バッファの役目を果たしているが，有効容量の決定は水需要量の時間変動の調整量に加えて，消火用水量，事故などの緊急時の水量を考慮して定める．計算法は水需要の時間変動曲線から不足容量を計算する面積法や，給水量の累加曲線を描き，それから不足容量を求める累加曲線法があるが，標準的には計画1日最大給水量の8～12時間分に消火用水量を加えた分が必要だと考えればよい．しかし，小規模水道ではこの値よりも容量を大きくしておく必要があり，例えば給水人口が1000人未満の小規模水道では計画1日最大給

水量の24時間分以上を確保しておく必要がある。このように，できれば調整容量は大きくするほうが安全であるが，その反面，あまり滞留時間が長くなると，残留塩素が消費されるという問題もあり，容量の決定には慎重な配慮が必要である。

消火用水量として配水池に加算すべき量は，給水人口によって異なるが，おおよそ**表7.1**に示す値であり，また消火栓1か所当りの放水量は**表7.2**程度である。

表7.1 配水池の容量に加算すべき人口別消火用水量（「水道施設設計指針(2000)」（日本水道協会）より）

人 口〔万人〕	消火用水量〔m^3〕
1	100
2	200
3	300
4	350
5	400

注）人口については当該人口の万未満の端数を四捨五入して得た数による。

表7.2 小規模水道で使用する消火栓および使用水量（「水道施設設計指針(2000)」（日本水道協会）より）

使用する消火栓〔mm〕	使用水量〔m^3/分〕
単口消火栓　65	0.50
小型消火栓　50	0.26
小型消火栓　40	0.13

7.4 配水塔および高架タンク

図7.3，図7.4は，配水塔および高架タンクの写真である。これらの施設は

図7.3 配水塔（南多摩連光寺配水場）　　図7.4 高架タンク

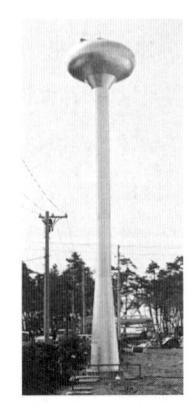

給水区域内に配水池を設置する適当な高所が得られない場合に設置され，その目的は水圧調整のために地上に水を貯留しておくことで，配水塔は胴体全体を貯水槽にしているのに対し，高架タンクは貯水槽を架体で支持したものである。

　小規模水道ではポンプ運転で水需要の変動に直接対応させずに，タンク内の水位変動でそれに応じることができるという利点がある。また，自然流下式では配水管の末端に配水塔や高架タンクを設けておくと，夜間水圧が上昇したときにそれを利用して水を満たし，昼間水圧が低下したとき，タンクからも配水されるという利用の仕方も考えられる。さらに，この場合は火災時の対応にも余裕がもてるようになるという利点もある。

　構造的には配水塔，高架タンクとも地上に高く設置するものであるから，地震，風圧，基礎に対して十分配慮し，設計を行う必要があり，さらに落雷防止，美観，周辺環境との融和などに注意する。

7.5 配　水　管
7.5.1 計画配水量

　配水管の口径を決める計画配水量は，平時は計画時間最大給水量，火災時は計画1日最大給水量に消火用水を加えたものとし，そのどちらか大きいほうの値を選んで設計する。

　計画時間最大給水量を計画1日最大給水量で除したものを**時間係数**（hourly factor）という。この値は図7.5に示すように給水人口が大きくなれば，小さくなるという反比例関係にある。したがって，配水管径の決定は，平時は計画1日最大給水量に時間係数を乗じた計画時間最大給水量で設計しておけば，給水区域全体でこの需要量が発生しても対応ができることになる。一方，火災時は一時に1か所から大量の消火用水が引き出されるわけであるから，この需要に対しても支障のないよう設計する必要がある。その場合，基礎となる数値は計画1日最大給水量としている。もちろん，計画時間最大給水量を算定基礎にすれば理想的であるが，これでは，あまりにも需要量が大きくなりすぎて建設

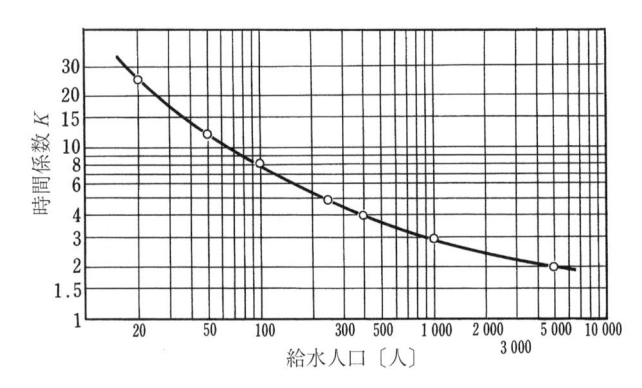

図7.5 給水人口と時間係数の関係（「水道施設設計指針(2000)」（日本水道協会）より）

費がかさみ，不経済である。

給水人口が5000人未満の場合は，配水池の容量決定にも消火用水量に対する設計上の配慮が必要であると述べたが，配水管に対しては，給水人口が10万人以下の場合に消火用水量を配慮すればよい。その理由は，給水人口が10万人を超す大きな配水規模では，計画1日最大給水量に消火用水量を加えた値よりも，計画時間最大給水量のほうが大きくなるためである。

消火用水量として計画配水量に加算すべき量は**表7.3**に示す程度である。人口が5000人未満では管網規模が小さいので，表7.2に示す消火栓からの放水量をもとに算定する必要がある。この場合，放水時間40分，同時開口栓5か所以下の条件で計算すればよい。

表7.3 計画1日最大給水量に加算すべき人口別消火用水量（「水道施設設計指針(2000)」（日本水道協会）より）

人口〔万人〕	消火用水量〔m³/分〕
1	2以上
2	4
3	5
4	6
5	7
6	8
7	8
8	9
9	9
10	10

注）人口については当該人口の万未満の端数を四捨五入して得た数による。

7.5.2 配水管の水理計算

配水管の管径の決定は計画配水量をもとに水理計算により求める必要があ

る。この場合，管路の動水圧が平時，火災時とも管網のすべての点で最小設計圧である 0.15〜0.2 MPa[1] 以上が保てるように，また管網内の水圧がなるべく平均化するように設計する。特に注意すべきことは，火災時に消火栓を開放すると，管網の一部に負圧が生じる恐れがあることである。管網内に負圧が発生すると配水管内に水が逆流し，汚染することがあるので慎重な検討が必要である。

管網の解法は種々提案されているが，最も一般的な方法は**ハーディ・クロス (Hardy-Cross) 法**である。

管径 d，管路長 l，流量 Q とすると，損失水頭は一般に次式で示される。

$$h = \gamma Q^n \tag{7.1}$$

ここに，γ は比例係数である。

いま流量 Q を $\varDelta Q$ だけ増加させたときの損失水頭の変化量を $\varDelta h$ とすると

$$h + \varDelta h = \gamma (Q + \varDelta Q)^n \tag{7.2}$$

となる。

式 (7.2) を二項定理で展開し，3 項以下を無視し，式 (7.1) を代入すると

$$h + \varDelta h = \gamma Q^n + n\gamma Q^{n-1} \varDelta Q + \cdots\cdots$$
$$= h + n\gamma Q^{n-1} \varDelta Q \tag{7.3}$$

となり，式 (7.4) を得る。

$$\varDelta h = n\gamma Q^{n-1} \varDelta Q \tag{7.4}$$

平均流速公式は管路の場合，ヘーゼン・ウィリアムス式が用いられる。

$$v = 0.849\,35\, C R^{0.63} I^{0.54} \tag{7.5}$$

ここに，v は平均流速〔m/s〕，R は径深〔m〕$= d/4$，I は動水勾配 $= h/l$，C は流速係数である。

C の値は管種によって，また通水年数によって異なるが，表 5.1 (p.54) 程度の値である。また通水によって管内にさびこぶが発生し，通水年数によって内面の粗度が増し C 値が低下する。モルタルライニングのない鋳鉄管の C の

---

[1] SI 単位では圧力は〔Pa〕で示す。$1\,\mathrm{kgf/cm^2} = 9.8 \times 10^4\,\mathrm{Pa}$

値の低下と通水年数の関係を図5.6（p.54）に示してある。

式(7.5)を管径 d〔mm〕と管路長 l〔m〕で変形し，損失水頭 h で整理すると，次式となる。

$$h = 43.562 \times 10^{14} C^{-1.85} d^{-4.87} l Q^{1.85} \tag{7.6}$$

ここで，$\gamma = 43.562 \times 10^{14} C^{-1.85} d^{-4.87} l$ とおくと，式(7.6)は式(7.6)′となり，式(7.1)の値として $n=1.85$ を得る。

$$h = \gamma Q^{1.85} \tag{7.6}′$$

一方，マニングの平均流速公式を用いれば，式(7.1)は次式で表される。

$$h = (124.5 \, n^2 \, d^{-1/3}) \left(\frac{0.0827 \, l}{d^5} \right) Q^2 \tag{7.7}$$

ここに，n はマニングの粗度係数である。

さて，管網の計算は，管網内で損失水頭の総和が0となり，流入量と流出量が等しくなる必要があるので，式(7.4)から次式を得る。

$$\sum (h + \Delta h) = \sum h + \sum n \gamma Q^{n-1} \Delta Q = 0 \tag{7.8}$$

よって

$$\Delta Q = \frac{-\sum h}{n \sum \gamma Q^{n-1}} = \frac{-\sum h}{n \sum \left(\dfrac{h}{Q} \right)} \tag{7.9}$$

となる。

これは，平均流速公式にヘーゼン・ウィリアムス式を用いると，式(7.9)′に変形できる。

$$\Delta Q = \frac{-\sum \gamma Q^{1.85}}{1.85 \sum \gamma Q^{0.85}} \tag{7.9}′$$

式(7.9)′を用いて，仮定流量 Q に対する誤差流量 ΔQ を求め，$\sum h$ が0になるまで，これを補正流量として繰り返し演算を行えば実流量と水頭差を求めることができる。しかし，この方法は，初期に仮定した流量いかんによっては収束するまでの繰返し回数が増え，あまり好ましい方法ではない。最近では電子計算機が手軽に利用できるようになったため，取り扱う数式が多少複雑であっても差支えなくなった。そのため，最近ではハーディ・クロス法の反復回

数をなるべく少なくする工夫や，別の新しい計算法が提案されてきている。

7.5.3 配水管の施工と維持管理

　配水管には，ダクタイル鋳鉄管，鋼管がおもに使われるが，小口径管などでは硬質塩化ビニル管や水道用ポリエチレン管などの合成樹脂管が使用される場合もある。かつては石綿セメント管や普通鋳鉄管が使用されていたが，石綿セメント管は健康上の理由と耐震強度の関係から，普通鋳鉄管はより強度のあるダクタイル鋳鉄管が開発されたことから利用されなくなった。また，一部の地域では配水管にも鉛管が使用されていたが，健康上の理由から石綿セメント管とともに他の管への更新が進んでいる。

　配水管は，内圧，外圧による力を受ける上，地質によっては腐食を受けやすいので，使用条件に最も適した管種を選定する必要がある。

　配水管の敷設は一般に公道内とし，その埋設位置や埋設深は道路管理者と協議の上で決められるが，標準的には管径 75〜350 mm で埋設深 1.2 m 程度である。しかし，埋設深は工事費に多大な影響を及ぼすため，最近では浅層埋設が許可されることがある。また，寒冷地では凍結による損傷を避けるため，凍結深度以下に埋設する必要がある。

　管の継手は管種によって種々のものがある。しかし，地震時に最も被害を受けやすいのが継手であるため，20〜30 m 間隔に伸縮の自由な伸縮継手を設けておくのがよい。ダクタイル鋳鉄管の伸縮継手には，継手部が伸縮し，抜け落ちにくい上，ある程度の曲げに対応できる S II 型や NS 型継手が開発されている。

　消火栓は通常 100〜200 m 間隔に配し，単口栓は管径 150 mm 以上，双口栓は管径 300 mm 以上の配水管に取り付ける。設置箇所は，もちろん消火活動に便利な位置であることが肝要であるが，一般的には道路の交差点で多方向から配水管が集まるところがよい。

　管の維持管理上，配水管には制水弁，減圧弁，安全弁，空気弁，泥吐き管と吐き口，人孔などが設けられる。制水弁の配置は配水管の事故や工事の際，断水区間に影響を与えるので，影響区間を最小にさせるよう配置を考える。また

減圧弁は地形の関係上水圧が高くなりすぎる場合に設置し,安全弁は配水ポンプや増圧ポンプの出口などで水撃作用の起こりやすい箇所に設置する。空気弁は管路の凸部に設けるが,地下水位の高いところでは,弁から地下水が逆流しないよう注意を要する。泥吐き管と吐き口は逆に凹部でかつ付近に河川などの適当な吐き口のあるところへ設ける。また,これには水質検査用の採水設備を兼ねさせることが多い。

マンホールは,維持管理上口径 800 mm 以上の管路に対して設置し,管内の点検が行えるようにする。さらに,伏越し,水管橋など管路の要所には必ず設置する。

7.6 給水方式と装置

配水管より分岐し,使用者に水道水を供給する施設を**給水**(water supply)という。その方式には,**直結式**,**貯水槽式**がある。

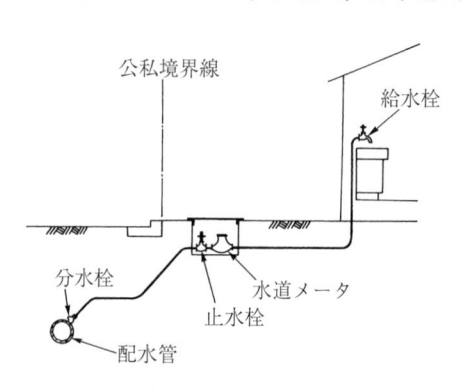

図 7.6 直結直圧式給水方式

直結式は配水管と給水栓が直結されるタイプで,図 7.6 に示すように配水圧を直接利用し,給水する直結直圧式と,給水管の途中に増圧ポンプを設置し,加圧給水する直結増圧式がある。わが国の配水圧は 0.15〜0.2 MPa 以上であるが,一般にこの水圧で支障なく給水できるのは 2〜3 階までであるため,最近では配水圧を高め,5 階まで直結式で給水を目指す事業体もある。

共同住宅などの高層建物では,いったん貯水槽に水道水を受けて給水をする貯水槽式が用いられる。この方式は,配水圧変動の影響を受けない,多量の水使用が可能であること,断水や災害時にもある程度の水が確保できるなどの利点がある。しかし,貯水槽以降は簡易専用水道として扱われ,貯水槽や屋内配管の管理は使用者の責任となるため,管理が悪いと水質の悪化や,貯水槽が大

きすぎると残留塩素が消費され衛生上の問題を生じたりすることがある。給水方法は，**図7.7**に示すように，貯水槽から給水栓にポンプで直接送るポンプ直送法，建物の屋上などに高置水槽を置き，そこに一担ポンプで送り給水する高置水槽式，ポンプで圧力水槽に送り，その内部圧で給水する圧力水槽式がある。

　給水装置の設計水量は器具の種別およびその使用率，あるいは業態別使用量を考慮して定める。

　給水栓の種類別の使用量は**表7.4**に示すような値である。これにより必要な口径を求め，**表7.5**で給水栓ごとの標準使用量を算出する。また，全給水栓が同時に開栓さ

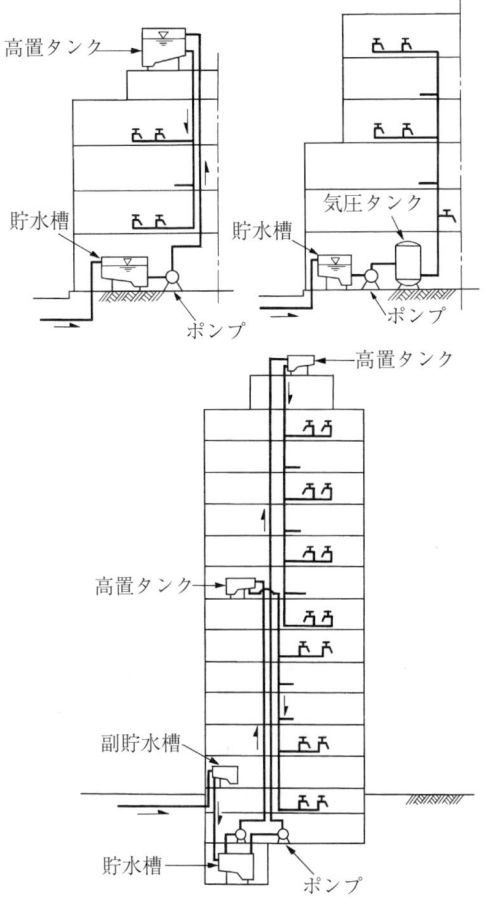

図7.7　貯水槽式給水方式

れることはないので，**表7.6**の値を用いて同時開口栓の数を求め，給水装置の設計水量とする。集合住宅では全戸が同時に同じ種類の器具を使用することは考えられないので，**表7.7**の値を用いて使用戸数率を計算し，設計水量を減量してよい。

　業態別の1人1日当りの平均使用水量を**表7.8**に示す。

　給水管として用いられるものにはダクタイル鋳鉄管，鋼管，ステンレス管，銅管，硬質塩化ビニル管，水道用ポリエチレン管などがある。管種の選択は水

表7.4 種類別吐水量とこれに対応する給水用具の口径(「水道施設設計指針(2000)」(日本水道協会)より)

用途	使用水量〔L/min〕	対応する給水用具の口径〔mm〕	備考
台所流し	12～40	13～20	
洗濯流し	12～40	13～20	
洗面器	8～15	13	
浴槽(和式)	20～40	13～20	
浴槽(洋式)	30～60	20～25	
シャワー	8～15	13	
小便器(洗浄水槽)	12～20	13	1回(4～6秒)の吐出量 2～3 L
小便器(洗浄弁)	15～30	13	
大便器(洗浄水槽)	12～20	13	
大便器(洗浄弁)	70～130	25	1回(8～12秒)の吐出量 13.5～16.5 L
手洗器	5～10	13	
消火栓(小型)	130～260	40～50	
散水	15～40	13～20	
洗車	35～65	20～25	業務用

表7.5 給水用具の標準使用水量(「水道施設設計指針(2000)」(日本水道協会)より)

給水用具の口径〔mm〕	13	20	25
標準使用水量〔L/min〕	17	40	65

表7.6 同時使用率を考慮した給水用具数(「水道施設設計指針(2000)」(日本水道協会)より)

総給水用具数〔個〕	同時使用率を考慮した給水用具数〔個〕
1	1
2～4	2
5～10	3
11～15	4
16～20	5
21～30	6

表7.7 給水戸数と総同時使用率(「水道施設設計指針(2000)」(日本水道協会)より)

総戸数	1～3	4～10	11～20	21～30	31～40	41～60	61～80	81～100
総同時使用率〔%〕	100	90	80	70	65	60	55	50

7.6 給水方式と装置

表7.8 建物種類別単位給水量・使用時間（「水道施設設計指針（2000）」（日本水道協会）より）

業　態	単位給水量 （1日当り）	使用時間 〔h/d〕
戸建住宅 共同住宅 独身寮	200〜400 L/人 200〜350 L/人 400〜600 L/人	10 15 10
官公庁・事務所	60〜100 L/人	9
工場	60〜100 L/人	操業時間+1
総合病院	1 500〜3 500 L/床 3 060 L/m²	16
ホテル全体 ホテル客室部	500〜6 000 L/床 350〜450 L/床	12 12
保養所	500〜800 L/人	10
喫茶店 飲食店 社員食堂 給食センター	20〜35 L/客, 55〜130 L/m² 55〜130 L/客, 110〜530 L/m² 25〜50 L/食, 80〜140 L/m² 20〜30 L/食	10 10 10 10
デパート・スーパー	15〜30 L/m²	10
小・中・普通高等学校 大学講義棟	70〜100 L/人 2〜4 L/人	9 9
劇場・映画館	25〜40 L/m², 0.2〜0.3 L/人	14
ターミナル駅 普通駅	10 L/1 000 人 3 L/1 000 人	16 16
寺院・教会	10 L/人	2
図書館	25 L/人	6

質，敷設場所の地質，あるいは圧力，維持管理性を配慮して決めることになるが，特にコンクリート建造物のように簡単に取替えができない場合は，慎重な選択が必要である。

第2編

下 水 道

横浜市中部下水処理場（横浜市環境創造局提供）

第8章 総論

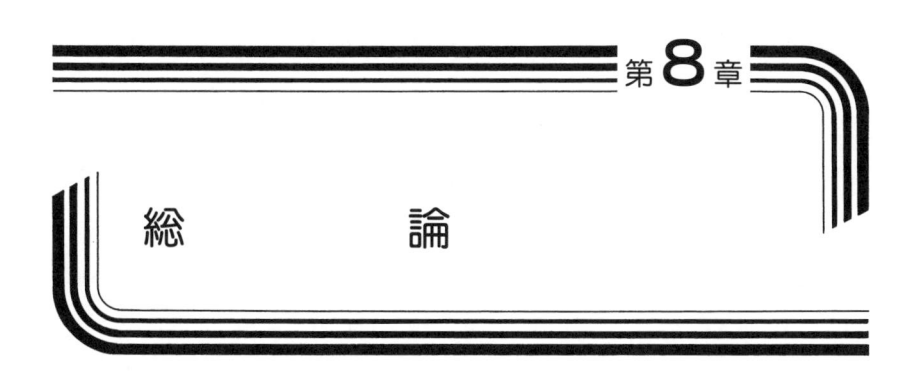

8.1 下水道の目的

下水道の歴史は古く，紀元前7世紀のバビロンにすでに下水道の施設があり，台形断面の下水渠が造られていたことは先に述べたとおりである。もちろん，現在の下水道施設のように処理施設があるわけではないが，下水渠はすでに各戸と結ばれており，汚水の排除が行われていたと見られる。

家庭生活や産業活動で利用された水は，やがて廃水となり，排出される。廃水中には有害物質や有機物質が含まれているほか，病原菌を含んでいる可能性もあり，廃水はわれわれの生活環境からすみやかに排除する必要がある。この措置を怠れば伝染病の原因となる場合さえも考えられる。

遊牧生活をしていた人々が，やがて1か所の土地に定着し，生活するようになると，そこに集落が形成される。その集落が発達し，町になると廃水や廃棄物の適切な管理が非常に大切な問題となってくる。事実，近代下水道建設の歴史は，廃水の適切な管理をめぐっての伝染病との闘いの歴史であったといっても過言ではない。

われわれの生活環境から非衛生な廃水をすみやかに排除し，衛生的で快適な住環境を提供することが下水道の大きな目的である。しかし，集落が小さなうちはさして問題とならないが，ある程度以上の規模となると都市から排出される大量の廃水がそのまま環境に放出され，当然のことながら水質汚濁など，種々の弊害を生み出すことになる。そのため，生活環境を維持し，健康な生活

を保障するためには，環境にとって不都合な有害物質，有機物質あるいは病原菌を取り除いてから環境に排出する必要がある。これが，下水処理の考え方であり，下水道建設の第2の目的でもある。

下水道法（昭33年）1条には『……公共下水道，流域下水道および都市下水路の設置その他の管理の基準を定めて，下水道の整備を図り，もって都市の健全な発達および公衆衛生の向上に寄与し，あわせて公共用水域の水質の保全に資することを目的とする。』（昭45年一部改正）とある。このように下水道の目的は二つに大別できる。第1はいままで述べてきたようにわれわれの住環境から非衛生な廃水を排除し，健康的，衛生的な都市を建設することであり，第2の目的は都市と環境との接点である処理施設をうまく機能させて，公共水域の水質保全に役立てることである。特に最近のように，都市が過密化し，排出される廃水の量が増え，その上，公共水域の高度利用が進んできた状況を鑑みると，ただ単に下水を排除することで生活環境を保全し，公共水域に汚濁を引き起こさせない程度に下水を処理して放流し，都市環境を保全するというような消極的な視野で下水道を考えるべきでない。もう一歩進んで，水資源サイクルの重要な一機能を果たしているのだという認識の上に，下水道を位置付けるべきであると考える。

8.2 下水道の定義

下水道法2条は用語の定義がされており，その第一項には「下水」の定義として，『生活もしくは事業（耕作の事業を除く）に起因し，もしくは付随する廃水（以下「汚水」という）または雨水をいう。』とある。

このように，**下水**（sewage）とは家庭生活や産業活動で発生する廃水である**汚水**（sanitary sewage）と，市街地に降った**降雨流出水**（rainfall runoff）の**雨水**（storm sewage）である。また，下水は明らかに市街地から生ずる汚水と雨水をさしており，農業により発生する廃水は対象としていない。これは**下水道**（sewerage）は都市施設の一部であるとの考えによるものである。

汚水は**家庭下水**（domestic waste water）と**工場排水**（industrial waste

water）とからなる．工場排水は工業の業種によって性質が異なる上，有害な物質を含んでいる可能性が高い．しかし，工場が都市の中で住居と混在し，しかも大小さまざまな規模がある現状では，汚水から工場排水を分離し，それだけを単独で処理させるのが理想であるとはいえ，現実的ではない．したがって，現在では有害物質に対し除害施設を設けることを前提として，家庭下水と工場排水を下水道で一括処理している．

一方，市街地に降った雨水は，蒸発や浸透により失われることがほとんどなく，しかも短時間のうちに流出する．そのため，雨水の排除施設が十分でないと，市街地に浸水が生じ，われわれの生活環境が脅かされる．下水道の大きな目的の一つに，市街地の雨水をすみやかに河川などの公共水域に排除することがある．

「下水道」の定義は『下水を排除するために設けられる排水管，排水渠その他の排水施設（灌漑排水施設を除く），これに接続して下水を処理するために設けられる処理施設（し尿浄化槽を除く）またはこれらの施設を補完するために設けられるポンプ施設その他の総体をいう．』と下水道法にある．

このように，下水道とは汚水と雨水とからなる下水を排除する施設と，公共水域に放流する前に下水を処理する施設とからなる．雨水はともかく，汚水は生活活動や事業活動の結果生じた廃水であるから，そのまま環境に排出されると当然種々の障害が発生する．そのため，排出先で許容される水質まで下水を処理し，放流する必要がある．その処理施設を**終末処理場**（wastewater treatment plant）といい，これは下水処理施設とその結果生じた汚泥を処理する汚泥処理施設とからなる．

8.3 下水道の種類

わが国の下水道は流域下水道と公共下水道に大別され，そのほかに都市下水路がある．

〔1〕 **流域下水道**　行政区界ではなく河川や湖沼などの流域を主体として下水道区域を設定する下水道で，2市町村以上にまたがる．管理責任は都道府

県にあり，**流域幹線**と呼ばれる下水管渠と終末処理場からなる．流域ごとに下水道区域を設定するので公共水域の水質保全は行いやすいが，比較的大規模となるため，建設までに長い年月を要する場合が多い．

〔2〕 **公共下水道**　流域下水道に対し，行政区界で下水道区域を設定するのが特徴である．したがって，管理は市町村であり，市町村単独かあるいは2市町村以上が協力をして，**広域下水道**として建設する場合がある．公共下水道には市町村が単独に当該市街地を対象に下水道区域を設定する公共下水道のほかに，流域下水道幹線に管渠を結ぶだけの**流域関連公共下水道**，工場排水処理を主体とする**特定公共下水道**，あるいは特別に水環境の保全を必要とする地域や，優良な農漁村集落を対象に設けられる**特定環境保全公共下水道**がある．

〔3〕 **都市下水路**　市街地の雨水排除を目的として設けられる，流末に終末処理場をもたない排水路である．現実には家庭雑排水やし尿浄化槽排水が流入し，都市内河川の大きな汚濁源となっているのが現状である．

第9章 下水道基本計画

9.1 はじめに

8章で述べたように,下水道は都市域で発生する汚水と雨水を排除し,処理・処分する二つの機能を有している。この二つの機能のいずれが欠けても都市としての要件を欠くことになる。わが国のように下水道の普及が遅れているところでは,その整備に全力を注がなければならないが,下水道建設には,多額の投資を必要とし,建設までに多くの年月がかかるため,下水道基本計画の良否が最後まで投資効率を左右することになる。その意味から上記二つの機能を無駄なく効率的に運用できる施設を具現化できるような基本計画の策定が必須である。

9.2 計画年次と計画下水道区域

下水道計画年次は施設規模を決定する上での基本的な要素である。下水道施設は建設に要する投資額が多額であるが,建設期間が長いこと,さらに施設の耐用年数が長く施設の改良が容易でないことを考え合わせると,計画年次はなるべく長期とするほうがよいともいえる。しかし,予測の精度,投資の効率を考慮すればおのずと制限があり,わが国では15〜20年後を計画年次の標準としている。

一方,下水道施設は都市施設の一つであるため,**計画下水道区域**は計画年次に市街化が予測される区域を対象としている。「都市計画法」は市街化を促進

し，都市として発展させる区域を「市街化区域」，また，現状を保全し，開発を抑制する区域を「市街化調整区域」として指定するよう求めている。したがって，計画区域の設定に当たっては市街化区域を含めることはもちろん，たとえ現在は市街化調整区域であっても，計画年次には市街化区域に編入されると予測される区域についても当然計画区域として加えるべきである。さらに，市街地ではないが周辺地区で地形上無理なく計画区域内に組み入れることが可能な集落があれば，環境保全上できるかぎり計画区域に含ませるのが望ましい。

9.3 計画下水道人口

計画下水道人口とは計画年次において計画区域内に常住することが予測される人口である。これは計画汚水量を算定する基礎であり，基本計画策定の主要因子である。人口推計の具体的手段は上水道における場合と同様であるので3.2節を参照して決定すればよいが，都市の性格によっては昼間人口，観光人口などの常住人口以外の人口をも考慮する必要がある場合もある。

また，計画区域内の人口密度分布も重要な因子である。下水道は下水道区域内にくまなく配置された管渠を通じて汚水を収集する。したがって，計画区域内での総人口がいくら精度よく予測できたとしても，区域内での人口分布も精度よく予測されなくては意味がない。地域的な人口分布を示す人口密度分布の予測は重要であり，通常は「都市計画法」の用途地域を参考にして決定する。これは「用途地域」は建物の目的用途を制限し，土地の用途を指定するもので，建蔽率や容積率に直接関係するため，人口密度分布に密接に影響するためである。

9.4 下水排除方式

下水の排除方式には分流式と合流式がある。**分流式下水道**（separate sewerage system）とは汚水と雨水をそれぞれ別々の管渠で排除する方式で，これに対し**合流式下水道**（combined sewerage system）は同一の管渠で排除す

9.4 下水排除方式

る方式である。

それぞれの方式に長短があり，どちらが優れているかは一概に論ずることはできないが，わが国では従来は大部分の下水道が合流式で建設されてきたが，現在，新規に計画，施工される下水道はすべて分流式を原則としている。これはおもにつぎの理由による。合流式下水道は雨天時に下水管の中へ流入した雨水が全量処理場へ流入するのではなく，汚水量（晴天時の下水量なので**晴天時下水量**という）の3～6倍に達すると，それを超える分の下水は雨水吐き施設を通じて公共水域に未処理のまま放流されてしまう。これは**雨天時下水量**が晴天時下水量に比べて非常に多く（10倍程度に達することが多い），全量が処理場へ流入すると処理に支障をきたすことが理由の第一であり，次いで汚水が雨水で十分に希釈されている上，放流先の河川などの流量も降雨により増水しており，そのまま未処理で放流しても環境に与える影響が少ないと考えられるためである。しかし，小降雨であまり下水量が増えていない場合は，上記の仮定が十分満たされないために問題が残る。さらに雨天時の下水量に対して管渠の設計をするため，流量が小さな晴天時には管渠内の流速が小さくなり，浮遊物質の沈積が生じやすい。この管渠内沈積物は降雨の初期に雨水で洗い流されて流出するため，降雨初期の下水は平常時の下水に比べて，非常に水質が劣化しているのが普通である。この悪質な下水が公共水域にそのまま流出する可能性があり，水環境保全の立場から現在では分流式下水道の採用が原則とされている。

その他，両方式の長短を一般的に比較するとつぎのとおりである。

（1）分流式は排除施設が2系統となり，管渠の総延長が長くなる上，両方の管渠が同一埋設深さで会合する機会が増えるため，どうしても埋設深さが深くなり合流式に比べ建設費が高くなる。

（2）分流式は汚水管内ではつねに浮遊物質の沈積が生じており，それが合流式の場合のように雨水で掃流されることがないので，管清掃の維持管理が必要である。

（3）分流式は雨天時といえども汚水量が変化しないため，処理量がつねに

一定で処理の対応はしやすい．それに対し，合流式は雨天時には処理場への流入量が晴天時の3～6倍にも達し，処理対応が難しい．

以上の両方式の長短比較は原則について述べたものであり，すべての場合にあてはまるとはかぎらない．例えば，建設費の問題では雨汚水両方の排除対策が急務の場合は分流式の採用が建設費を高くするが，都市によっては現状でも雨水排除施設に余裕があり，雨水管渠の建設を急ぐ必要のない場合がある．この場合はとりあえず汚水管渠だけの埋設が必要で，汚水管渠だけであれば管渠が小口径ですむため，建設費は分流式に比べて逆に安価となる．

また，分流式を採用すれば，公共水域への汚濁負荷流出は完全に防げるかといえば，そうともいえない．現実には降雨初期の流出雨水は道路面や屋根に堆積した汚濁物質を洗い流してくるため，雨水といえども水質的にはかなりの問題がある．これが未処理のまま公共水域へ放流されるため，必ずしも分流式にすれば公共水域への流出汚濁負荷がなくせるというものでもない．

さらに，雨天時の汚水量もマンホールの穴や施設の継ぎ間違いなどで，汚水管渠内に雨水が流入し，汚水量が増加する．場合によってはその量が晴天時の数倍に達する例すら認められる．この原因がもし施設の継ぎ間違いによるものだとすれば，逆に汚水が雨水排除施設に継ぎ間違えられているという可能性もあり，この場合はつねに未処理の汚水が公共水域にたれ流されていることになる．

このように放流先の公共水域の条件を含めて，都市ごとに，両方式の得失を十分に比較した上で排除方式を決定する必要がある．

9.5 計画汚水量

汚水の排出源は一般家庭，商店，レストラン，学校，事務所や工場であり，生活，営業，生産活動により汚水は発生する．このうち，生活および営業に起因するものを家庭汚水，生産活動によるものを工場排水として取り扱い，これに地下水量を加えた計画年次における予測量を**計画汚水量**という．

9.5.1 家庭汚水量

家庭汚水量の算定は生活に起因する家庭汚水量を基礎家庭汚水量，営業によるものを営業汚水量とし，地区の特性によりその割合を考慮して定める。推定は水道の給水量実績をもとにして行うが，計画年次の上水道給水計画があればその値を利用してもよい。一般に家庭汚水量は水道から供給された水のうち，庭への打ち水のように蒸発したり，地下浸透によって失われるもの，あるいは自動車の洗車に使われる水のように汚水管ではなく雨水排除施設に流入し，汚水量とならない水もあるが，逆に井戸水の使用など水道水以外の水が汚水となる場合もある。そのため，通常は汚水量と給水量は等しいと考えて計画することが多い。

基礎家庭汚水量は生活水準によって異なり，全自動洗濯機や水冷式クーラなどの普及により，いままでは年々増加の傾向にあった。しかし，最近は節水意識の高揚や，節水型の機器の普及により，その増加傾向もしだいに頭打ちとなり，現在では年平均値で基礎家庭汚水量は200～220 L/人/d 程度と推定されている。

一方，営業汚水量は地域特性によって異なり，第三次産業の活動が最も活発な商業地域では基礎家庭汚水量に対し，60～80％程度の値をとると考えられている。**表9.1**は用途地域別の営業用水率を示したものであるが，このように用途地域により営業汚水量はかなりの差が認められる。この違いを考慮に入れ，計画汚水量は水道の給水量実績および計画値を用いて，上水道計画の場合と同様に**家庭汚水量原単位**を決定する。なお，決定する原単位はつぎのとおりである。

表9.1 用途地域別の営業用水率（「流域別下水道整備総合計画調査指針と解説（2001年版）」（日本下水道協会）より）

用途地域	営業用水率	備考
商業地域	0.6～0.8	用途地域別に営業用水量と営業用地率の相関関係を求めた後に，1人当りの基礎家庭下水量に対する率としてセットしたものである。
住居地域	0.3	
準工業地域	0.5	
工業地域	0.2	

注) 都市規模によって営業用水率の多少の変動がある。

i) **計画1人1日平均汚水量**　予測される基礎家庭汚水量と営業汚水量の和を計画人口1人当りについて，年間の平均量で示した原単位である．

ii) **計画1人1日最大汚水量**　水道の場合と同様に，発生汚水量の年間の最大値を日量で示したものであり，予測はこの原単位を基準に行う．この値の70～80%程度が1人1日平均汚水量である．

iii) **計画1人1日時間最大汚水量**　発生汚水量は人間の生活活動に伴い，1日のうちでも大きく変動する．図9.1は変動の一例を示しているが，その変動の最大値を時間量でとらえたものが時間最大汚水量である．都市の規模や性格によっても異なるが，小都市や団地の下水道では1人1日最大汚水量の2倍以上になることもあるが，通常は1.5～1.8倍程度である．

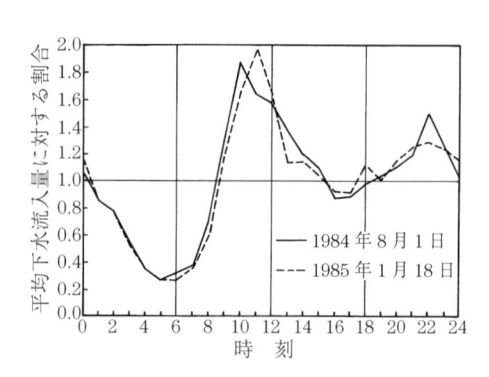

図9.1　下水処理場流入水の時間変動（東京，町田下水処理場のデータより）

9.5.2　工場排水量

計画区域内の工場排水は下水道で受け入れることを前提としている．しかし，下水処理に支障を来しては困るので，水質に一定の基準を設けてそれ以上の水質を排出する場合は除害施設の設置を義務付けている．しかし，工場排水の受入れは下水処理にとって好ましいことではないので，小さな工場は無理としても大きな工場に対しては，できるかぎり下水道に排出せずに工場単独で処理するよう話し合う必要がある．

排水の質・量は業種によって著しく異なる．工業用水の用途は業種によりさまざまで，冷却水の一部には直接公共水域に放流しても差支えのないものや，原料用水として使われ，製品となって出荷されてしまうもの，蒸気となって大気中に散逸するものもある．また，生産ラインの改善や増設で廃水量が変わる可能性もあるので，工業用水量から単純に工場排水量を推定するのではなく，

業種ごとに排水量の実態を調査し，将来計画を加味した上で排水量の予測を行う必要がある。また，現在は工場がなくても工場誘致の予定がある場合は，業種，規模の予測を行い排水量の推定をする。

工場排水量を予測する場合は家庭汚水量のように計画人口1人当りという単位を用いることができない。そのため，工場敷地面積〔ha〕当りか，1年間製品出荷額100万円当りの排水量を**工場排水量原単位**とする。排水量の季節変化や時間変化は業種により操業時間に差があるためきわめて予測し難いが，通常は計画1日平均汚水量と1日最大汚水量は等しく，計画時間最大汚水量は1日最大汚水量の2倍（12時間操業を想定）とする場合が多いようである。

9.5.3 地下水量

下水管渠は自然流下方式で下水の収集を行うので，地下水位が高い場合は管の継手や亀裂から地下水が流入する。もちろん地下水の流入は好ましくないので，設計，施工で最小限度にくい止めるよう努力する必要があるが，流入をまったく防止することは不可能である。

この量は地下水位，土質条件，管渠の種類，継手構造，施工状態，工法基礎，施工後の年月，交通量などによって異なり，一概に表すことはできない。そのため，経験的に1人1日最大汚水量の10～20%程度を見込んでおくことが多い。

また，地下水ではないが，雨天時に雨水がマンホールやますから直接，あるいは排水設備の接続間違いによって汚水管に流入することがある。ひどい場合には雨天時の汚水量が晴天時の数倍に達するような例もあり，誤接のないよう施工時に十分注意をするとともに，施工後の検査を徹底して行う必要がある。

9.5.4 その他の汚水量

都市によっては観光人口が定住人口の数倍もある場合や，家畜排水を別途考慮しなければいけない場合がある。温泉地では宿泊観光客による汚水のほかに温泉排水があり，これらを別途考慮しなければならない場合もある。また，都心部のように定住人口はほとんどなく，昼間人口が非常に多いような場合も別途汚水量を検討する必要がある。

9.5.5 計画汚水量

計画家庭汚水量は，地下水量を加味した計画家庭汚水量原単位に計画人口を乗じて，また，**計画工場排水量**は計画工場排水量原単位に計画年間製品出荷額か計画工場敷地面積を乗じたものとして求められる。そして**計画汚水量**は計画家庭汚水量と計画工場排水量の和として求められる。

　ⅰ）　**計画1日最大汚水量**　　処理施設の容量を決定する基礎数値である。
　ⅱ）　**計画1日平均汚水量**　　最大汚水量の70〜80％程度の量である。
　ⅲ）　**計画時間最大汚水量**　　管渠施設，ポンプの容量を決定する基礎数値である。

9.5.6 計画水質

計画水質は処理方法を決定する上でたいへん重要な因子である。計画水質は家庭汚水と工場排水の**計画汚濁負荷量原単位**を予測し，両者を総合して求める。

　水質の詳細については11章で述べるが，汚水中の汚濁負荷は主として有機物質によるものであり，BODと浮遊物質を主体に検討する。そのほか，放流先の水域によっては窒素，リンの栄養塩，工場排水が多い場合は重金属やほかの有害物質についても検討する必要がある。

　家庭汚水の場合は1人当りの汚濁負荷量原単位を用いる。1人当りの汚濁負荷量とは，1人が1日にどの程度の汚濁物質を廃水中に排出するかをグラム数で表したものである。この値はし尿については経年変化がほとんど見られないが，雑排水については年々増加傾向にあり，現在は**表9.2**に示すように**BOD負荷量**（BOD loading）で58 g/人/d程度になっている。しかし，今後は単純に増加傾向になるとは考えにくく，社会の変化に応じて変動すると思われる。

　一方，工場排水量の汚濁負荷量は業種によりさまざまである。排水量が多い場合は全体水質に与える影響も大きいので，実測し，決定するとよいが，工場内での水の使われ方は種々あるので，場合によっては工程ごとに負荷量を求める必要がある。実測ができない場合は，「工業統計」などの統計資料を用いて，業種別に製品出荷額や敷地面積当りの原単位を算出し，推計する。有機物負荷

表9.2 1人1日当りの汚濁負荷量(「流域別下水道整備総合計画調査指針と解説(2001年版)」(日本下水道協会)より)

項目	平均値〔g/人/d〕	標準偏差〔g/人/d〕	データ数	平均的な内訳〔g/人/d〕	
				し尿	雑排水
BOD	58	18	125	18	40
COD	27	9	120	10	17
SS	45	17	125	20	25
T-N	11	2	19	9	2
T-P	1.3	0.3	15	0.9	0.4

は,一般に食品,皮革,パルプ,製紙などの業種が高く,逆に機械,金属加工が低い。また,家庭汚水と比べ有機物質の性質が異なるので生物分解性についても検討が必要である。

そのほか,観光汚水は,観光客の滞在パターンにより水利用形態が異なるので,実測値をもとに計画するのがよいが,不可能な場合は他の類似の観光都市を参考にするとよい。表9.3は観光汚濁負荷量の割合を例示したものである。

表9.3 観光汚濁負荷量の割合(「流域別下水道整備総合計画調査指針と解説(2001年版)」(日本下水道協会)より)

項目 \ 種別	定住人口〔%〕	宿泊観光客〔%〕	日帰り観光客〔%〕
BOD	100	85	24
COD	100	85	24
SS	100	84	23
T-N	100	95	40
T-P	100	86	27

表9.4 家畜による排水量および汚濁負荷量原単位(「流域別下水道整備総合計画調査指針と解説(2001年版)」(日本下水道協会)より)

項目	牛	豚	馬
水量〔L/頭/d〕	45〜135	13.5	—
BOD〔g/頭/d〕	640	200	220
COD〔g/頭/d〕	530	130	700
SS〔g/頭/d〕	3 000	700	5 000
T-N〔g/頭/d〕	290	40	170
T-P〔g/頭/d〕	50	25	40

畜産排水は有機物負荷が高く，下水道に受け入れる場合は全体水質に対する影響が大きいので特別に考慮する必要がある。**表 9.4** は牛，豚，馬の汚濁負荷量原単位であるが，BOD 負荷量は牛で人間の 10 倍以上，豚と馬は 3～4 倍に相当する。

9.6 計画雨水量

9.6.1 降雨強度式

下水道での市街地降雨の排除に対する考え方は，浸水防除であり，内水排除である。したがって，治水とは異なるので，5～10 年に 1 度発生する確率をもつ降雨を対象とし，その降雨により流出する雨水を排除できるよう施設を設計する。また，下水道施設により排除される雨水は管渠長がそれほど長くないことから，きわめて短時間のうちに公共水域に流出する。そのため，30 分以下の短時間での降雨特性を十分に把握する必要がある。

降雨特性の把握は降雨量でなく**降雨強度**（intensity of rainfall）で行う。降雨強度とは一定時間に降った降雨量をいい，降雨の強さを示す指標である。特に時間を 1 時間とした場合を**標準降雨強度**という。

降雨資料の整理はできるかぎり計画地域に近く，しかも地形条件の類似したところで観測されたデータをもとに解析するのが望ましく，できれば 20 年間以上にわたっての観測資料があれば理想的である。

確率計算法は**トーマス**（Thomas）**プロット法**，**ハーゼン**（Hazen）**プロット法**，**岩井法**などがあるが，簡単なトーマスプロット法が用いられることが多い。

$$P = \frac{n}{N+1} \tag{9.1}$$

ここに，P はトーマスプロット，n は降雨強度の順位，N は資料数を示す。

資料の選び方は降雨資料から各年の最大降雨だけを選ぶ毎年最大値法と，期間内の全降雨から大きい順に資料を選ぶ非毎年最大値法があるが，期間が十分得られない場合には非毎年最大値法を選ぶとよい。また，毎年最大値法を用い

9.6 計画雨水量

るときは，確率降雨量を決める際に資料不足を補うため，確率年を1年増加させて決定することが多い．

降雨の発生確率は，図9.2に示すように，一般に対数正規分布に従う場合が多い．

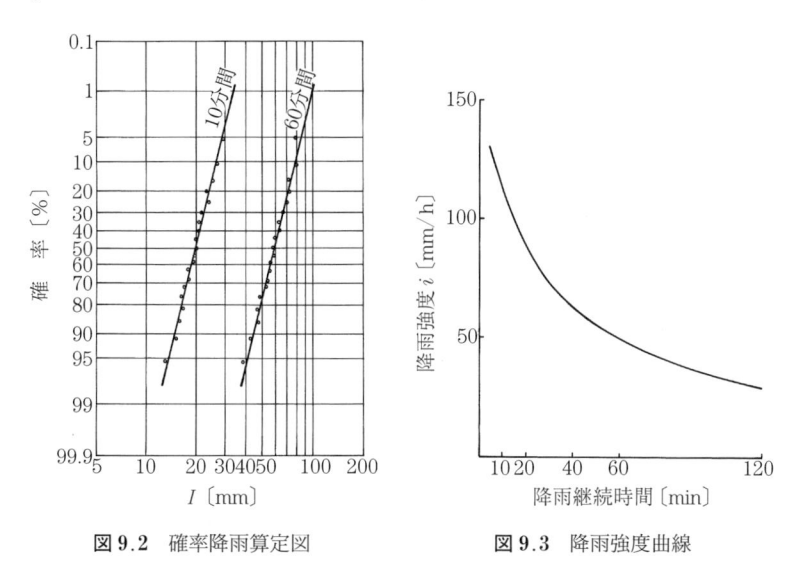

図9.2 確率降雨算定図

図9.3 降雨強度曲線

このようにして，できれば5分，10分，20分，30分，40分，50分，60分というように降雨データを整理し，図9.3に示すように，降雨継続時間と降雨強度との関係を整理し，対象とする確率年における発生降雨強度を求める．

さらに，得られた発生降雨強度を標準降雨強度に換算し，降雨継続時間の関数で表したものを**降雨強度式**という．

降雨強度式はつぎのものが提案されている．

$$\text{タルボット型}: i = \frac{a}{t+b} \tag{9.2}$$

$$\text{シャーマン型}: i = \frac{a}{t^n} \tag{9.3}$$

$$\text{久野・石黒型}: i = \frac{a}{\sqrt{t} \pm b} \tag{9.4}$$

ここに，i は降雨強度〔mm/h〕，t は降雨継続時間〔分〕，a, b, n は定数で

ある。

　以上の三つの降雨強度式を一般化すれば式 (9.5) となり，電子計算機の利用が身近になった現在では式 (9.5) のまま利用してもよい。

$$i=\frac{a}{(t+b)^n} \tag{9.5}$$

　いずれにしても，採用確率年の各降雨継続時間に対応して得られた降雨強度を，なるべく正確に表現する降雨強度式を採用することが肝要である。

　その他，降雨資料が十分でないが，10 分と 60 分の降雨強度資料だけが入手でき，かつ周辺地域の降雨特性がタルボット型で十分適合することがわかっている場合は，**特性係数法**により降雨強度式を求めることができる。

　N 年確率の降雨強度式を式 (9.6) で表す。

$$i_N = R_N\,\beta_N^{\,t} \tag{9.6}$$

ここに，R_N は N 年確率の標準降雨強度〔mm/h〕で，β_N は N 年確率の特性係数であり，$\beta_N^{\,t} = i_N^{\,t}/i_N^{\,60}$ で示される。

　例えば，降雨強度式にタルボット型を考えると式(9.6)は次式に変形できる。

$$i_N = R_N\frac{a'}{t+b} \tag{9.6}'$$

ここで特性係数 β_N が $t=60$ 分で $\beta_N^{60}=1$ であるとすると

$$a' = 60 + b \tag{9.7}$$

となり，b は任意の時間 t の特性係数 $\beta_N^{\,t}$ を用いて次式で表すことができる。

$$b = \frac{\beta_N^{\,t}\,t - 60}{1 - \beta_N^{\,t}} \tag{9.8}$$

　式 (9.7)，(9.8) から，例えば $t=10$ 分と 60 分での降雨強度がわかっていれば，β_N^{10} が計算でき，a' と b の値を求めることができる。

　したがって，$a = R_N a' = i_N^{60} a'$ であるから，タルボット型降雨強度式の係数 a，b を簡単に求めることができる。

　この方法は，タルボット型以外のシャーマン型や久野・石黒型にも適用できる。

9.6.2 雨水流出量の算定

雨水流出量の算定法は種々の方法が提案されているが，下水道施設の設計は合理式か経験式により行われる．

〔1〕 合理式による雨水流出量の算定　合理式は次式で表される．

$$Q = \frac{1}{360} C i A \tag{9.9}$$

ここに，Q は流出量〔m³/s〕，C はピーク流出係数，i は降雨強度〔mm/h〕，A は排水面積〔ha〕である．

流出係数（coefficient of run-off）とは本来降雨水が雨水流出水となる量的な割合をいうが，**ピーク流出係数**とは降雨水がピーク流出量となる割合を指している．**図9.4** は A の排水面積をもつ流域の流末端における雨水流出の模式図である．すなわち，合理式の基本は，雨水流出量はその流域の流出点から最も遠い地点に降った雨が，流出点に流達するまでの時間 t に相当する降雨強度の降雨に対して流出量を算定すればよいとの仮定に成り立っている．したがって，いま最遠点からの流達時間を t とし，それに相当する降雨強度を i とすると，この流域に降った流出に関係する降雨の総量は式 (9.10) で表される．

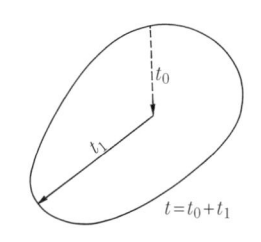

図9.4　雨水流出模式図

$$R = itA \tag{9.10}$$

一方，合理式の第2の仮定は，流末端の流出量は降雨開始に伴い直線的に増加し，t 時間後にピークに達し，その後，流量増加時と同じ割合で直線的に減少し，t 時間後に流出が終了するとしている．これは**図9.5** に示すように二等辺三角形 abc で流出が起こることになり，こ

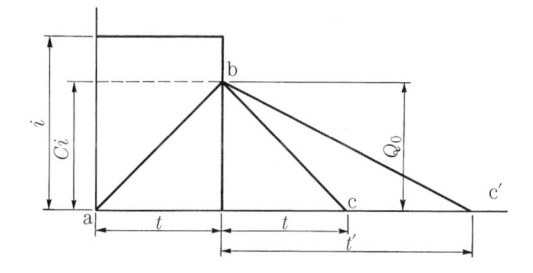

図9.5　合理式の仮定による雨水流出模式図

のときの流出水総量 Q_out はピーク流出量を Q_0 とすると，式 (9.11) となる．

$$Q_\text{out} = Q_0 t \tag{9.11}$$

したがって，流出係数を f とすると，式 (9.10)，(9.11) より $f = Q_\text{out}/R$ であるから，次式を得る．

$$Q_0 = f i A \tag{9.12}$$

式 (9.12) の単位をそろえ右辺に係数を乗じたのが合理式 (9.9) である．このことから，図 9.5 にも示されるように単位面積当りのピーク流出量 Q_0 は，降雨強度 i に流出係数を乗じたものに等しくなる．

しかし，現実の雨水流出は合理式の仮定のように二等辺三角形では生ぜず，流出量が増大していくときは比較的仮定に一致するが，流出量が減少していくときは t 時間より長い t' 時間かかって流出が終了する．そのため，流出量は $Q_0(t+t')/2$ で評価する必要があり，流出係数と降雨強度の積とピーク流出量は一致しない．そこで，降雨量とピーク流出量との比をピーク流出係数 C と定義し，合理式により雨水排除設計に用いている．排水路の設計ではピーク流出量が評価できれば十分であり，ピーク流出係数 C を用いて計算しても差支えないが，この値は本当の意味での流出係数（一般に f の記号で表す）より小さ目の値である．そのため，調整池の設計など，流出量そのものを正確にとらえなくてはならない場合は C 値を適用してはならない．

ピーク流出係数の決定は，地表の工種別に求め，その加重平均値から求める方法と，土地の用途地域別に決定する方法がある．

表 9.5 は工種別の流出係数であるが，工種は大別すると浸透域と不浸透域である．計画年次における土地利用を予測し，次式により C の値を求めるのが

表 9.5 工種別基礎流出係数の標準値（「下水道施設計画・設計指針と解説（2001 年版）」（日本下水道協会）より）

工 種 別	流出係数	工 種 別	流出係数
屋　　　　　根	0.85～0.95	間　　　　　地	0.10～0.30
道　　　　　路	0.80～0.90	芝，樹木の多い公園	0.05～0.25
その他の不透面	0.75～0.85	勾配の緩い山地	0.20～0.40
水　　　　　面	1.00	勾配の急な山地	0.40～0.60

工種別の予測法である。

$$C = \frac{\sum_{i=1}^{m} C_i A_i}{\sum_{i=1}^{m} A_i} \tag{9.13}$$

一方，土地利用から求める場合は**表9.6**を用いてCの値を決定する。

表9.6 用途別総括流出係数の標準値（「下水道施設計画・設計指針と解説（2001年版）」（日本下水道協会）より）

敷地内に間地が非常に少ない商業地域および類似の住宅地域	0.80
浸透面の野外作業場等の間地を若干もつ工場地域および庭が若干ある住宅地域	0.65
住宅公団団地等の中層住宅団地および1戸建て住宅の多い地域	0.50
庭園を多くもつ高級住宅地域および畑地等が割合残っている郊外地域	0.35

つぎに，合理式を用いて流出量を求めるには，降雨強度iを求める必要がある。これは9.5.1項で述べたように降雨強度式から求めればよいが，そのためには流達時間を知る必要がある。

流達時間は**流入時間**と**流下時間**に分けて考えることができる。流入時間とは地表に到達した降雨が下水管渠に流入するまでの時間であり，計算には合理式の仮定にもあるように最遠点からの流入時間を用いる。また，流下時間とは下水管渠に流入した雨水が管渠内を流下するのに要する時間である。

流入時間は測定の難しい値であるが，カーベイ（Kerby）は実験により次式を示した。

$$t = \left(\frac{2}{3} \times 3.28 \frac{l\,n}{\sqrt{s}} \right)^{0.467} \tag{9.14}$$

ここに，tは流入時間〔分〕，lは斜面距離〔m〕，sは斜面勾配，nは粗度係数に類似の遅滞係数である。

表9.7 流入時間の標準値（「下水道雨水流出量に関する研究・報告書」（土木学会）より）

わが国で一般的に用いられているもの					米国の土木学会	
人口密度が大きい地区	5分	幹線	5分	全舗装および下水道完備の密集地区	5分
人口密度が小さい地区	10分	枝線	7～10分	比較的勾配の小さい発展地区	10～15分
平　　　　均	7分			平地の住宅地区	20～30分

流入時間は土地の利用状況により異なる。標準値は**表 9.7** に示す程度である。

〔2〕 **経験式による雨水流出量の算定** 経験式で広く使われるものとして，ビュルクリ・チーグラ（Bürkli-Ziegler）式とブリックス（Brix）式がある。

$$Q = CRA\sqrt[4]{\frac{S}{A}} \quad \text{(ビュルクリ・チーグラ式)} \tag{9.15}$$

$$Q = CRA\sqrt[6]{\frac{S}{A}} \quad \text{(ブリックス式)} \tag{9.16}$$

ここに，Q は雨水流出量〔m³/s〕，R は 1 ha 当りの降雨量〔m³/ha/s〕，A は排水面積〔ha〕，S は地表勾配（1 000 m につき S〔m〕），C は流出係数である。

式 (9.15) はスイスのチューリッヒ市で開発されたものであり，丘陵地帯の都市によく適合する。また，式 (9.16) は式 (9.15) を修正したものである。

第10章 下水排除施設

10.1 設計の要件

　下水管渠の設計の基本数値は，汚水管渠は計画時間最大汚水量，雨水管渠は計画雨水量である。また，合流式下水管渠は計画時間最大汚水量に計画雨水量を加えた値である。

　管渠ルートは処理場や吐き口まで下水を無理なく自然流下で導くものがよく，できるだけポンプ場や伏越しの少ない計画がよい。管渠工事費は下水道全体の投資額の大半を占める。そのため，工事土量を少なくするよう，土かぶりが深くなりすぎないように留意する。また，特殊な工法をなるべく少なくするようにし，交通量の多い道路には幹線などの重要な管渠を埋設しないよう注意する必要がある。河川，鉄道，主要道路の横断箇所はなるべく減らし，人口密度の高い地域から下水道が供用開始できるよう計画するのが最善である。

　管渠のルート検討に先立ち，地下埋設物の調査を十分に行う必要がある。地下埋設物の平面位置，埋設深さ，移設の可能性などを調査する。地下埋設物としては水道管，ガス管，電気・電話ケーブル，地下鉄などがある。

　管渠は一般に公道下に埋設するが，その位置と深さを道路管理者と事前に協議する必要があるし，交通量の多い場合は工事中の代替ルートが確保できるかどうかの検討も重要である。河川を横断する場合は同様の打合せを河川管理者と行う必要があり，鉄道を横断する場合は輪荷重や振動に対して防護工を施すなどの対策を必要とする。

10.2 管渠施設

10.2.1 管渠の種類

下水管渠には，鉄筋コンクリート管，陶管，硬質塩化ビニル管，鉄筋コンクリート長方形渠などがおもに用いられるが，そのほかにも現場打ち鉄筋コンクリート長方形渠，強化プラスチック複合管，レンジコンクリート管，ポリエチレン管や，特殊な場合はダクタイル鋳鉄管や鋼管も用いられる。

鉄筋コンクリート管は一般にヒューム管と呼ばれ，コンクリートを遠心力を用いて締め固め成形するもので，呼び径3 000 mmまでがJIS規格化されており，わが国で広く利用されている。このほかにもプレストレストコンクリート管，手詰め管や推進工法用鉄筋コンクリート管がある。

陶管は厚管が用いられ，呼び径600 mmまでが規格化されている。陶管は粘土を原料に焼成したものであるから，耐酸，耐アルカリ性に優れ，摩耗にも強い特徴があるが，しかし，衝撃に弱いため，通常は450 mm程度までの小口径が用いられる。

硬質塩化ビニル管は，押出し，射出などの方法で成形され，耐酸，アルカリ性に優れている上，軽量のため施工性に優れている。管表面が滑らかなため，粗度係数が小さくなり，同じ勾配でも平均流速を大きくすることができる特徴がある。800 mmまで規格化されており，継手はソケット継手でゴム輪や接着剤によるものがある。また，荷重条件が厳しい箇所には高剛性硬質塩化ビニル管が開発されている。

雨水管などのように大断面を必要とする場合は，長方形渠が用いられる。鉄筋コンクリート，プレストレストコンクリートがあり，内のりで500 mm×500 mmから3 500 mm×2 500 mmが工場製品として規格化されている。工場製品が利用できない場合は，現場打ち鉄筋コンクリートの長方形渠を使用することとなるが，この場合は粗度係数が大きくなることに注意を払う必要がある。

10.2.2 管渠の断面

管渠の断面は，つぎの諸点を満足するものがよい。

（1） 水理学上有利である．
（2） 荷重に対して安全で，経済的断面である．
（3） 管材が安価で，施工性に優れ，維持管理性がよい．

断面は**図 10.1** に示すように，円形，長方形，馬蹄形，卵形等があるが，円形が最も多く用いられている．長方形渠は水量が多い場合に利用されるが，現場打ちの場合は工期が長くなる欠点がある．水理学上有利な断面は馬蹄形または卵形であるが，施工性がよくない．

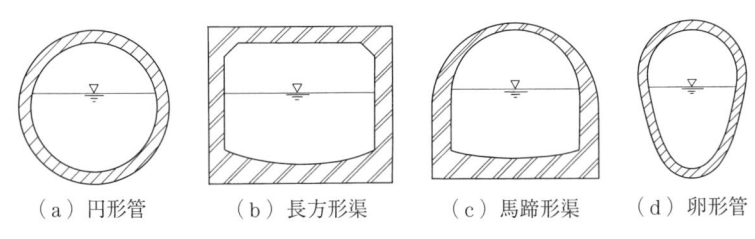

（a）円形管　　（b）長方形渠　　（c）馬蹄形渠　　（d）卵形管

図 10.1　下水管渠の断面

下水管に用いられる最小管径は，汚水管では 200 mm，雨水管や合流管では 250 mm であるが，実際には枝管の施工，維持管理面から 250 mm 以上が用いられる．

10.2.3　管渠の水理

平均流速公式はマニング式またはガンギレー・クッター式が用いられる（平均流速公式については p. 50 参照）．

クッター式は式形がたいへん複雑であるが，以前から図表が整理されていた関係で下水道では広く用いられている．また，最近の電子計算機の利用は式形が複雑であるかどうかはあまり問題でなくなった．

動水勾配は本来，水面勾配であるが，通常は等流と考えて管底勾配を用いる．粗度係数は管材によって異なるが，用いられる管渠が工場製品のコンクリートの場合は 0.013 を標準とする．利用する平均流速公式ではマニング式のほうがクッター式よりやや流速が大き目に計算される．

径深は通常円形管や卵形管では満流，長方形断面（暗渠）では 9 割水深，馬蹄形断面では 8 割水深とし，開渠では 8 割水深として計算することが多い．

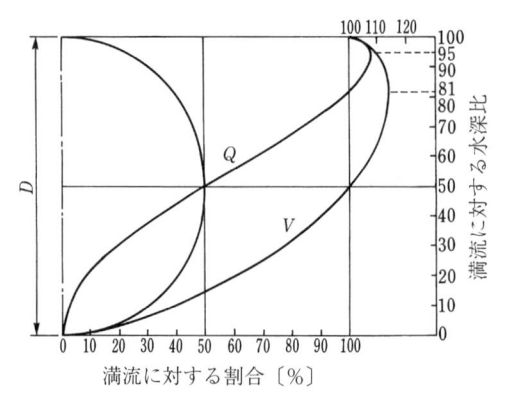

図 10.2 マニングの式による円形管の水理特性曲線

円形管や卵形管で満流を用いるのは，円形管の場合は径深が直径の 0.25 倍となり流路断面積の計算が楽であることもあるが，**図 10.2** の**水理特性曲線**で示されるように，円形管や卵形管では，満流状態が最大流下能力とはならず，満流で計算しても最大流下能力に対して 8％ 程度の余裕をもっているからである。

管渠内の平均流速は管渠内に浮遊物の沈積を防ぎ，流下をスムーズにするため，下流に行くに従い漸増させる。管渠の勾配は逆に下流に行くに従い小さくするよう設計をするのが普通である。平均流速は，汚水管渠では計画下水量に対して 0.6〜3.0 m/s の範囲で，雨水管渠または合流式管渠では 0.8〜3.0 m/s の範囲で設計する。これは流速があまり小さすぎると管渠内に浮遊物質の沈積が生じるためであり，逆に，流速が大きすぎると管渠に損傷を与えるためである。また，雨水管渠，合流式管渠の最小流速が汚水管渠に比べて大きいのは，これらの管渠には土砂の流入が考えられるためで，管内での土砂の沈積防止を考慮するためである。理想的な流速は両管渠とも 1.0〜1.8 m/s の範囲がよい。

10.2.4 管渠の継手

継手は水密性が高く耐久性に富むものがよい。水密性が悪いと，管渠の中に地下水が流入し，下水量を増大させたり，逆に下水が管外に流出し，地下水を汚染したりする。特に細砂混じりの軟弱な地盤で地下水位が高い場合は，地下水の浸入に伴い周囲の土砂が管渠の中に流入し，管渠を詰まらせたり路面陥没の原因となることがある。また，地震で最も被害を受けやすいのが継手であり，管基礎の選定とともに土質条件から継手の種類を決める必要がある。

継手の種類には**図10.3**に示すようにソケット継手，いんろう継手，カラー継手がある。

ソケット継手は陶管，小口径のヒューム管などで広く用いられている。そのほとんどはモルタル使用のものであるが，最近ではゴムリング，合成樹脂のパッキングが多く用いられるようになってきた。理由はモルタルに比べ水密性に優れている上，湧水の排水が困難な場所での施工が可能な点にある。

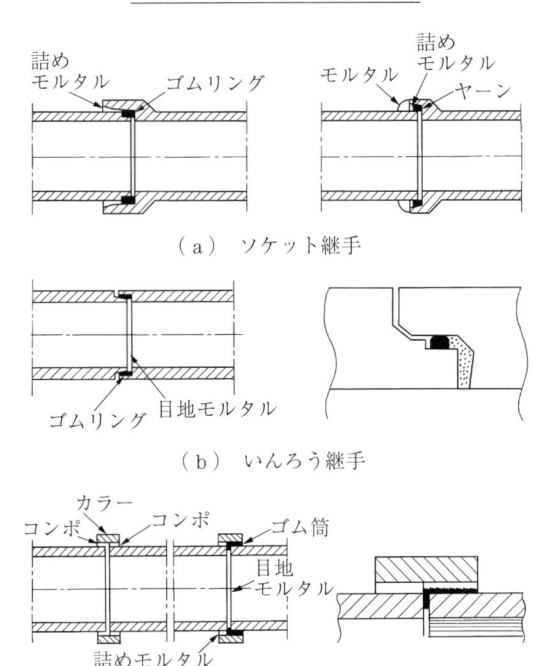

図10.3 管の継手の種類

いんろう継手は中・大口径のヒューム管に用いられる。ゴムリングをはさんで受け口と差し口を結合するもので，水密性に優れ水中でも施工できる。

カラー継手は小・中口径のヒューム管で広く用いられ，普通継手と耐震カラー継手がある。接合方法はコンポと呼ばれる水セメント比が16%程度の特殊モルタルを詰め，突き固めて行う。この継手の欠点は弾力性に欠けることで，特に地震時に破損が大きい。そのため，最近ではゴム筒をパッキング材に用い耐震性を増した継手が開発されている。いままでは現場打ち管渠の場合は銅板を用いてきたが，最近は水密性・施工性に優れた塩化ビニル板が使用されるようになってきた。

10.2.5 管渠の基礎工

基礎工は施工費に大きく影響するので，十分に検討し，適切なものを選ぶ必要がある。選定は使用管渠の種類，土質，地耐力，施工方法，荷重条件により

決まる。

　管渠が不等沈下すると，管内の流れに支障を来し浮遊物質の沈積，腐敗を生じさせ，その結果，水質を悪化させたり，あるいは継手の破損や管渠にひび割れを生じさせ，地下水の浸入や地下水汚染の原因ともなる。しかし，必要以上に堅固な基礎工を用いることは施工費の面から避けるべきであり，たとえ大口径管渠といえども地盤条件が良好な場合は砂，砂利または割栗石を敷き，突き固めるだけで十分な場合もある。

　i）砂基礎，砕石基礎　　比較的地盤が良い場所で用いる。基礎と管渠の接する角度を支承角というが，この値が大きいほど耐荷力が大きくなる（図10.4（a），（b））。

　ii）コンクリートおよび鉄筋コンクリート基礎　　地盤が軟弱な場合や，外圧が大きい場合に用いる。コンクリートは外圧による変形に対して十分な剛性が要求される（図（c），（d））。

　iii）はしご胴木基礎　　地盤が軟弱で地耐力が不足し，地質の不均一に起因する不等沈下が生じやすいところで使用する。砂，砕石基礎を併用すること

（a）砂基礎　　（b）砕石基礎　　（c）鉄筋コンクリート基礎

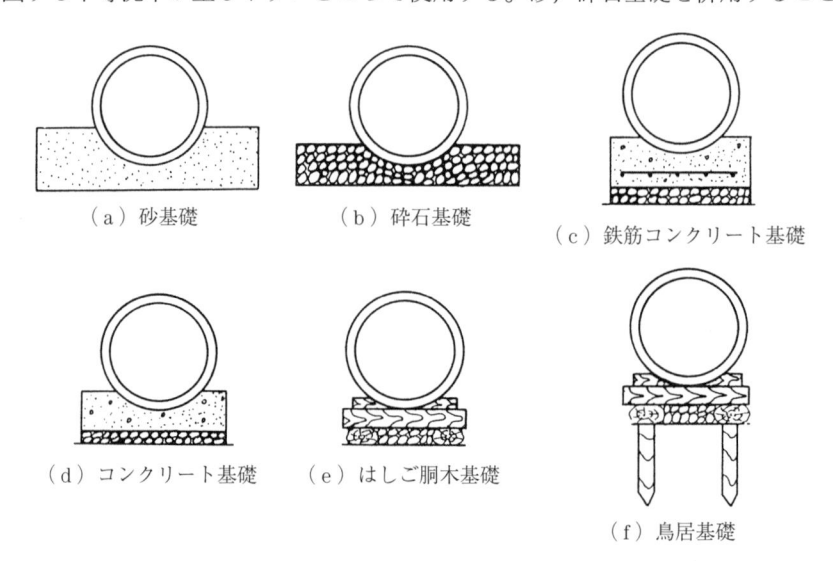

（d）コンクリート基礎　　（e）はしご胴木基礎　　（f）鳥居基礎

図10.4　管渠の基礎工（「下水道施設計画・設計指針と解説（2001年版）」（日本下水道協会）より）

が多い（図（e））。

　iv）鳥居基礎　　iii）よりもさらに地盤条件が悪く，地耐力がほとんど期待できない場合に用いる。はしご胴木の下部に杭を打ち支える構造とする（図（f））。

10.2.6　管渠の接合

　管渠の設計で基本的に大切なことは下水をつねに水理学的に円滑な流れとすることである。そのため，管渠の合流部，口径の異なる管渠の接合には十分配慮する必要がある。もちろん，合流部，屈曲部，異口径管渠の接合部にはマンホールが設けられるが，渦流や大きな乱れを生じさせるとエネルギー損失が増え，損失水頭が増大して流下能力の低下が生じる。また，逆に急勾配のところでは水流エネルギーをうまく消去しないと，マンホールから下水が噴出し，周辺に被害を与えることになる。

　口径の違う管渠を接合する場合は**図 10.5** に示すように，水面接合，管頂接合，管中心接合，管底接合などが考えられる。管路は計画時には管の上流側から計算して管の埋設深さを決めていき，施工時には逆に下流側から敷設し，完成したところから順次供用を開始する。そのため，計画設計時は一番管渠の埋設深さが深くなる管頂接合で設計し，実施設計の段階で予想しない障害があり，管底を変更しなければならない場合は管底接合などに変更する。

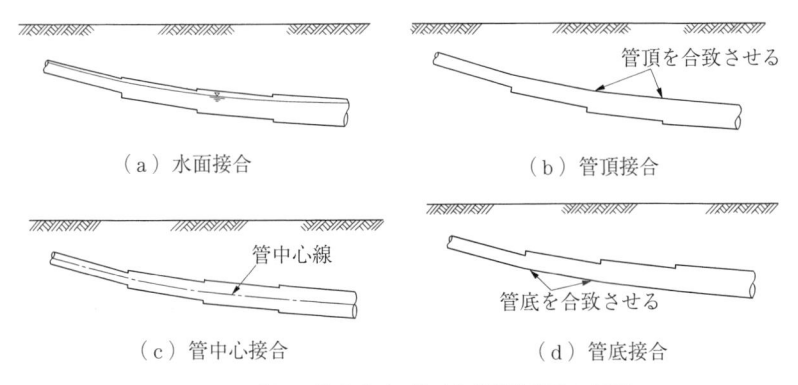

（a）水面接合　　　　　　　（b）管頂接合（管頂を合致させる）

（c）管中心接合（管中心線）　（d）管底接合（管底を合致させる）

図 10.5　管渠の接合方法（「下水道設計指針と解説（昭47）」（日本下水道協会）より）

地表勾配が急でそれに合わせて管底勾配を決めると流速が大きくなりすぎ，管渠に損傷を与えたり，あるいは下流側のマンホールから下水が噴出する恐れがある場合は，図 10.6 に示すような段差接合や階段接合を用いる。段差接合では段差が大きくなると維持管理に支障があるため，60 cm 以上段差のある場合は副管付きマンホールとする必要がある。

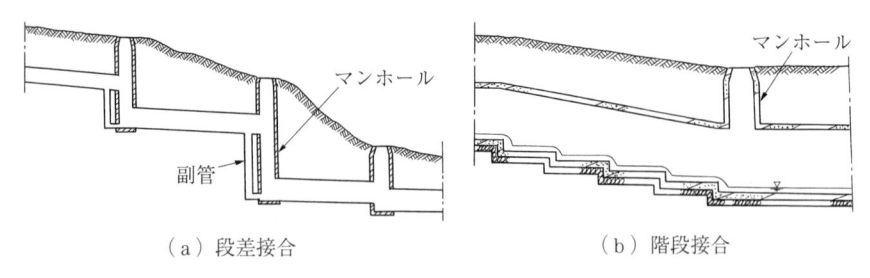

（a）段差接合　　　　（b）階段接合

図 10.6　落差の大きい場合の接合方法（「下水道施設計画・設計指針と解説（2001 年版）」（日本下水道協会）より）

2 本以上の管渠が合流する場合は，流れを円滑化するため中心角は 30〜45°以下とするのが望ましいが，やむをえない場合でも 60°以内とする。しかし，下流管渠との間に十分な落差がある場合はこのかぎりでない。

10.2.7　マンホール

マンホールは管渠の流行方向が変わる点，勾配・口径が変わる点，合流点，段差を生じる箇所には必ず設置する。また，たとえ管渠が直線であっても，維持管理のため，表 10.1 に示す間隔で中間マンホールを設置する。

表 10.1　マンホールの管径別最大間隔（「下水道施設計画・設計指針と解説（2001 年版）」（日本下水道協会）より）

管渠径〔mm〕	600 以下	1 000 以下	1 500 以下	1 650 以下
最大間隔〔m〕	75	100	150	200

マンホールの標準的な構造と各部の名称は図 10.7 に示すが，種類は表 10.2，表 10.3 に示すように標準マンホールと特殊マンホールがあり，それぞれの用途が定められている。

10.2 管渠施設

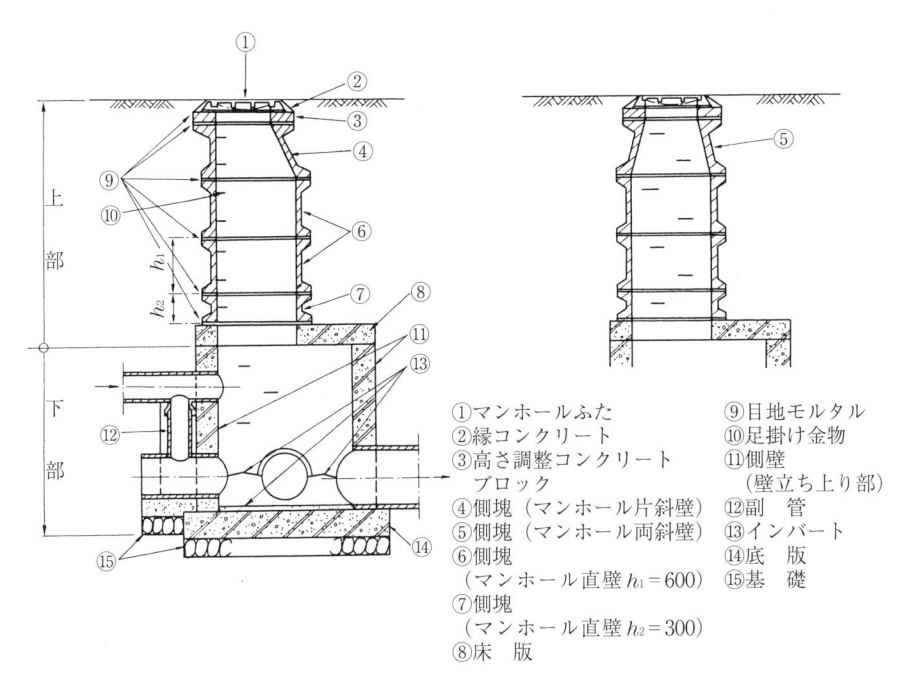

図10.7 マンホールの構造(「下水道施設計画・設計指針と解説(2001年版)」(日本下水道協会)より)

① マンホールふた
② 縁コンクリート
③ 高さ調整コンクリートブロック
④ 側塊（マンホール片斜壁）
⑤ 側塊（マンホール両斜壁）
⑥ 側塊（マンホール直壁 $h_1 = 600$）
⑦ 側塊（マンホール直壁 $h_2 = 300$）
⑧ 床版
⑨ 目地モルタル
⑩ 足掛け金物
⑪ 側壁（壁立ち上り部）
⑫ 副管
⑬ インバート
⑭ 底版
⑮ 基礎

表10.2 標準マンホールの形状別用途(「下水道施設計画・設計指針と解説(2001年版)」(日本下水道協会)より)

呼び方	形状寸法	用途
1号マンホール	内径 90 cm 円形	管の起点および600 mm以下の管の中間点ならびに内径450 mmまでの管の会合点。
2号マンホール	内径 120 cm 円形	内径900 mm以下の管の中間点および内径600 mm以下の管の会合点。
3号マンホール	内径 150 cm 円形	内径1 200 mm以下の管の中間点および内径800 mm以下の管の会合点。
4号マンホール	内径 180 cm 円形	内径1 500 mm以下の管の中間点および内径900 mm以下の管の会合点。
5号マンホール	内のり210×120 cm角形	内径1 800 mm以下の管の中間点。
6号マンホール	内のり260×120 cm角形	内径2 200 mm以下の管の中間点。
7号マンホール	内のり300×120 cm角形	内径2 400 mm以下の管の中間点。

表 10.3 特殊マンホールの形状別用途（「下水道施設計画・設計指針と解説（2001年版）」（日本下水道協会）より）

呼び方	形状寸法	用途
特1号マンホール	内のり 60×90 cm 角形	土かぶりが特に少ない場合，他の埋設物等の関係で1号マンホールが設置できない場合．
特2号マンホール	内のり 120×120 cm 角形	内径 1 000 mm 以下の管の中間点で，円形マンホールが設置できない場合．
特3号マンホール	内のり 140×120 cm 角形	内径 1 200 mm 以下の管の中間点で，円形マンホールが設置できない場合．
特4号マンホール	内のり 180×120 cm 角形	内径 1 500 mm 以下の管の中間点で，円形マンホールが設置できない場合．
現場打ち管渠用マンホール	内径 90，120 cm 円形 / 内のり D×120 cm 角形	長方形渠，馬蹄形渠等およびシールド工法による下水管渠の中間点．ただし，D は管渠の内幅．
副管付きマンホール		管渠の段差が 0.6 m 以上となる場合．

10.2.8 埋設位置と深さ

管渠はますとの取付け管，地下埋設物，路面荷重などの関係で埋設位置，深

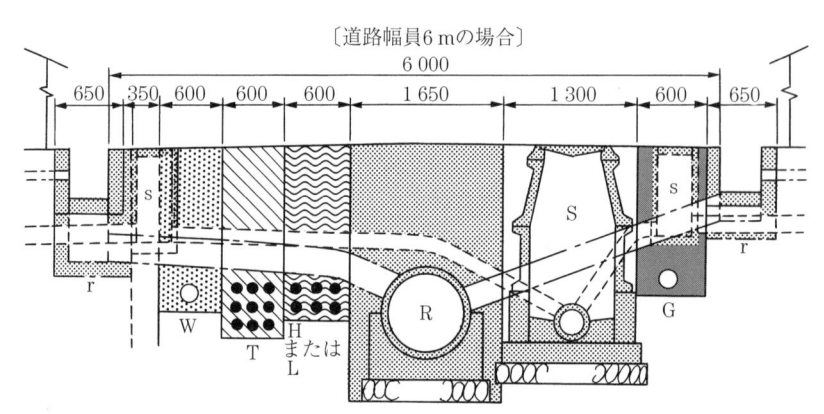

T：電信電話線幹線
H：高圧電線幹線
L：低圧電線幹線
W：上水道管幹線
S：下水道管渠（合流管渠または汚水管渠の幹線）
R：下水道管渠（雨水管渠の幹線）
G：ガス管幹線
s：下水道管渠（汚水管渠の枝線または汚水ます）
r：下水道管渠（雨水管渠の枝線または雨水ます）

図 10.8 分流式下水道管渠の埋設図（「下水道設計指針と解説（昭59）」（日本下水道協会）より）

さに制限を受ける。図 10.8，図 10.9 は管渠設置の一例であるが，公道下には想像以上の埋設物があり，移設不可能なものも多いので注意を要する。通常，土かぶりは公道内では道路法施行令により，3 m 以下とはしないとなっているが，最近は浅層埋設が許可されることもあるので，道路管理者に確認する必要がある。この場合は車道部や本線の下水道管では舗装厚に 0.3 m を加えた土かぶりが適用されるが，最小でも 1 m は必要である。また，歩道部は 0.5 m が原則である。しかし，計画設計時は最小土かぶりを 1.2〜1.5 m としておくのが望ましい。

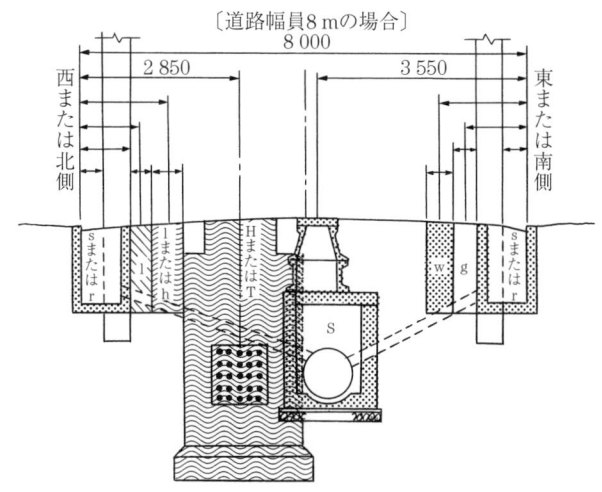

h：高圧電線枝線　l：低圧電線枝線　w：上水道管枝線
g：ガス管枝線（その他の記号は図 10.8 参照）

図 10.9　合流式下水道管渠の埋設図（「下水道設計指針と解説（昭 59）」（日本下水道協会）より）

10.2.9　雨水吐き室

合流式下水道では雨天時に下水量が増し，晴天時下水量（汚水量）に対し一定の倍率を超えると，超えた分を分水し，無処理のまま公共水域に放流する。この倍率は 3〜6 倍であるが，わが国の場合は 3 倍がほとんどである。

雨水吐き室の位置は図 10.10 に示すように放流先に近く，ポンプを使用せずに放流できるところがよい。また，放流先の選定はいくら雨水により希釈され

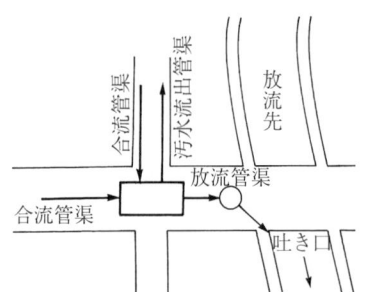

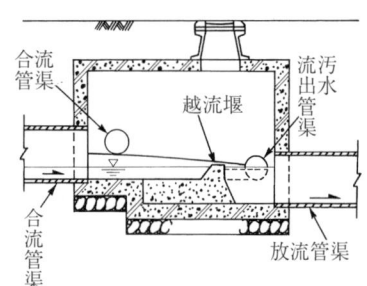

図 10.10 雨水吐き施設

ている下水を放流するとはいえ，無処理のまま下水が放出されるので，上水道の取水口，漁場，水浴場付近は避ける必要がある。

雨水吐き室の構造は越流堰が最も多く採用されている。水理学的には完全越流堰とするのが望ましく，やむをえず不完全越流になる場合は放流水域からの逆流に注意する必要がある。

10.2.10 開渠の種類と断面

開渠は雨水排除施設や都市下水路に用いられる。水理計算では材質に応じた粗度係数の選定に注意する必要がある。

(a) 無筋コンクリート　(b) 石積み　(c) 鉄筋コンクリート
(d) 鉄筋コンクリート組立て土止め　(e) 半円管　(f) 鉄筋コンクリートU形

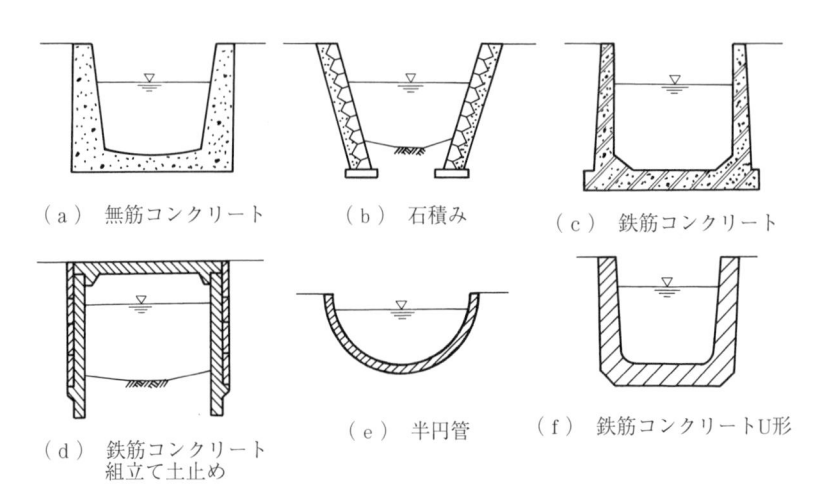

図 10.11 開渠の断面

開渠の種類は図 10.11 に示すように台形，長方形，半円形に分けられる。また材質面からは無筋コンクリート，石積みおよびコンクリートブロック積み，鉄筋コンクリートおよび鉄筋コンクリート製品の組立て土止めに分けられる。

10.2.11　伏　越　し

伏越しとは図 10.12 に示すように下水管渠が河川，地下鉄などの大きな障害物と交差した場合，サイフォン管を用いて横断させる方法である。伏越しは維持管理の面から好ましくないのでなるべく避けるのが望ましい。やむをえず用いる場合は，管内沈積を防ぐ意味から下水量がある程度以上にまとまってから用いる。

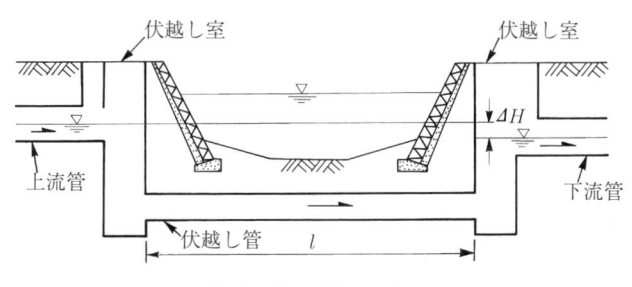

図 10.12　伏越しの構造

伏越し管はその中で浮遊物質の沈積が生じないよう，上流管渠の流速より 20〜30% 程度大きくなるようにし，さらに複数管としておく。これはもし管渠に故障があった場合，一方の管渠で対応ができるようにすることと，清掃時に安全に作業ができるようにするための配慮である。

伏越しの損失水頭の計算は式 (10.1) で求める。

$$h = I\,l + 1.5\frac{v^2}{2g} + \alpha \tag{10.1}$$

ここに，h は伏越しの損失水頭〔m〕，I は伏越し管内の流速に必要な動水勾配，l は管渠長〔m〕，v は伏越し管内流速〔m/s〕，g は重力加速度〔m/s²〕，α は余裕値（通常は 0.03〜0.05 m とする）である。

10.3 ポンプ施設
10.3.1 種類と機能

ポンプ場は排水ポンプ場，中継ポンプ場，場内ポンプ場に分けられる。**排水ポンプ場**は雨水が自然流下により公共水域に排水できない場合に設けるもので，合流式下水道の場合は雨水排水のほかに汚水をつぎのポンプ場か処理場まで送水する役目も果たす。

中継ポンプ場は管渠の埋設深さが深くなりすぎ，施工費の面から経済的でないと判断される場合に，水位を回復させる目的で設置する。

場内ポンプ場は終末処理場内に設けられ，処理水が自然流下で公共水域に放流できるよう，処理施設の入口で揚水するものである。

設計流量は汚水は計画時間最大汚水量であり，雨水は計画雨水量である。ただし，雨水排水量は大量になるため，排水区が大きい場合は管内貯留を考慮して 20～30% 計画雨水量を下回ってもよい。

ポンプ場の設置は建設費，維持管理費ともに高くつくため，できるかぎり数を少なくするよう計画すべきであるが，やむをえず必要とする場合はつぎの点に留意して位置を定める必要がある。

（1） 排水ポンプ場はできるかぎり放流水域に近接したところで，ポンプによって直接放流できるか，またはそれに近いものであること。

（2） 中継ポンプ場はできるだけ低い土地から高いところへ揚水できる地形のところを選び，その際，圧送管となる部分は短いほどよい。

（3） 市街地に設けるときは防音，防震，防臭に注意する。

動力源は中継ポンプ場，場内ポンプ場では電力を用いることが多く，排水ポンプ場はディーゼル機関もしくはガソリン機関を用いる。前者の二つのポンプ場は常時運転されているため，安定性，運転の容易性，動力費の面から電力が有利であるが，後者のポンプ場のように年間数回程度しか運転されない場合は，電力は不経済である。

動力源に電力を用いる場合は停電事故に備える必要があり，最低限必要な動力を確保するための自家発電装置をもつか，あるいはまったく別系統の複数回

10.3.2 沈砂池およびスクリーン

沈砂池（grit chamber）および**スクリーン**（screen）は下水中の砂や粗大浮遊物を取り除き，ポンプや処理施設の損傷を防ぐ目的で設置される。

沈砂池は**図 10.13** に示す構造であるが，砂だけが除去できることが望ましく，有機物質が除去されることは好ましくない。その理由は有機物質が砂とともに除去されると，排砂の処分が困難となるためである。具体的には比重 2.65，粒径 0.2 mm 以上の砂が除去対象である。

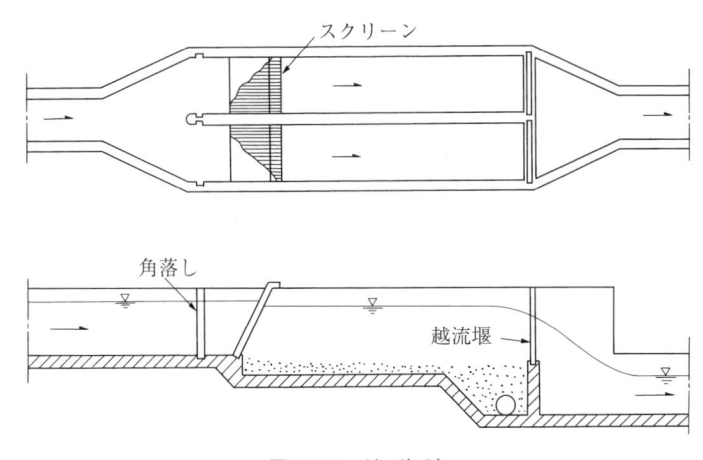

図 10.13 沈 砂 池

沈砂池は長方形または正方形で 2 池以上とする。水面積負荷は汚水沈砂池で 1 800 m³/m²·d (粒径 0.2 mm 以上の砂を除去)，雨水沈砂池で 3 600 m³/m²·d (同 0.4 mm 以上を除去) を標準として設計する。また有効水深は流入管渠の有効水深とし，滞留時間は 30〜60 秒間とする。

池内の平均流速は 0.30 m/s を標準とし，池の底部には 30 cm 以上の砂だめを設置する。ただし，連続的に排砂する設備を設ける場合はこのかぎりでない。

汚水沈砂池では**曝気沈砂池**（aeration grit chamber）を用いることがある。これは，有機物質が沈澱しないように沈砂池内を曝気しながら沈砂させるもの

で，曝気により比重の軽い有機物質はつねに池内で浮遊状態に保つことができ，有機物質をほとんど含まない沈砂を得ることができる。

曝気沈砂池は有効水深$2 \sim 3$ m，余裕高 50 cm とし，池底部には 30 cm 以上の深さの砂だまりを設ける。滞留時間は$1 \sim 2$ 分間とし，送気量は下水量 1 m^3 に対し$1 \sim 2$ m^3 とする。また，洗剤による泡立ちがあるため，消泡装置を設ける必要がある。

排砂は人力によってもできるが，清潔な作業とはいえないのでできるだけ機械化することが望ましい。

（1） ミーダ型かき寄せ機で沈砂を砂だめにかき寄せ，水中サンドポンプで水とともに排除し，傾斜型フライトコンベアで水を分離し，水は沈砂池へ戻す方法（図 10.14）

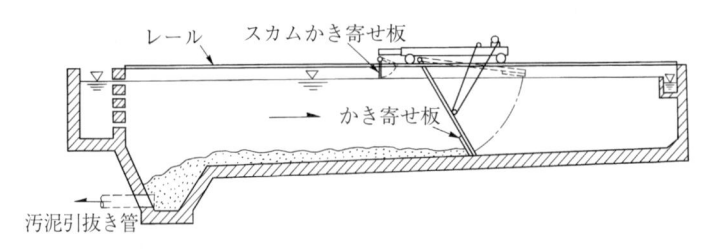

図 10.14 ミーダ型かき寄せ機

（2） 池底にバケットコンベアを設置し，連続運転で排砂する方法
（3） グラブ型揚砂機で巻上げ操作で排砂する方法

（4） バケットコンベアを備えた走行式台車を沈砂池上に設置し，砂をすくい上げる方法（図 10.15）

（5） 回転式沈砂かき寄せ機で沈砂を集め，サンドポンプで選別排砂する方法（正方形池）

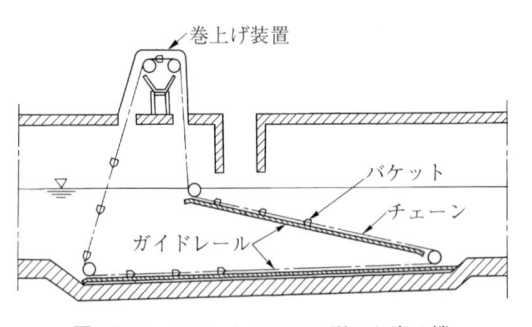

図 10.15 バケットコンベア型かき寄せ機

排砂は，有機物を取り除くため，水洗いした後，埋立て処分する。

スクリーンは，**図10.16**に示すように格子形に平鋼を並べ，下水中の粗大浮遊物である木切れ，布地，ビニールシートなどを取り除く。スクリーンにひっかかったスクリーンかすを，機械でかき上げる場合は水平に対し70°，人力による場合は45～60°スクリーンを傾けておく。

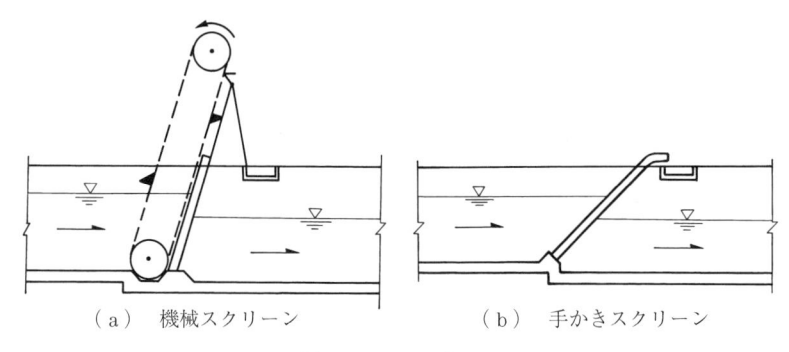

（a）機械スクリーン　　　　　（b）手かきスクリーン

図10.16　スクリーン

開き目は汚水用スクリーンでは15～25 mm，雨水用スクリーンでは25～50 mmが標準である。さらに，スクリーンの下水の通過流速は0.45 m/s程度とし，スクリーンの強度はスクリーンに夾雑物がかかり損失水頭が増大し，水頭差が1.0 m程度となっても耐えられるものとする。

10.3.3　ポンプ設備

〔1〕**種類**　ポンプには，渦巻ポンプ，斜流ポンプ，軸流ポンプがある。

渦巻ポンプは効率が高く高揚程向きであるが，大口径には適さない。吸込み性能に優れ，キャビテーションに対しても安全である。

斜流ポンプは多少揚程が変わっても一定に近い水量を送水でき，また動力もあまり変動しない。これは雨水排水のように水位変動が大きい場合に適した特性である。

軸流ポンプは低揚程向きで，口径が大きい割には回転数を高く設定できるため小型となる特徴がある。

その他のポンプでは，雨水排水に用いられるスクリューポンプがある。このポンプは敷地面積を必要とする上，低揚程で効率は悪いが，構造が簡単な上，開放型であり維持管理性に優れている。

ポンプますは鉄筋コンクリート造りとして漏水がないよう十分に注意する。ますの構造とポンプの流入口の位置関係は非常に大切で，位置が悪いとますの内に渦流を発生させ，ポンプ内に空気を吸込む原因となる。これはポンプにキャビテーションを発生させ揚水不能となるばかりか，ポンプを損傷することもあるので注意を要する。

〔2〕 **ポンプ容量と台数**　ポンプは効率の高いところで運転する必要がある。このため，ポンプの容量と台数の選定は単に計画下水量に対してのみ対応すればよいのではなく，それ以下の下水量のときでも効率のよいところで運転できるよう容量と台数を決める必要がある。特に計画下水量は計画年次になってようやく発生する下水量であるので，それまでの間は順次ポンプ台数を増やして対応できるように配慮する必要がある。計画下水量に対し必要なポンプ台数の目安を**表 10.4** に示す。

表 10.4　ポンプ設置台数の標準値（「下水道施設計画・設計指針と解説（2001 年版）」（日本下水道協会）より）

設置台数 \ ポンプ能力	ケース	小	中	大
2 台	—	—	1/2・Q×2 台	—
3 台	1	1/4・Q×2 台	—	2/4・Q×1 台
3 台	2	1/6・Q×1 台	2/6・Q×1 台	3/6・Q×1 台
4 台	1	1/8・Q×2 台	2/8・Q×1 台	4/8・Q×1 台
4 台	2	1/8・Q×1 台	2/8・Q×2 台	3/8・Q×1 台
5 台	1	1/10・Q×2 台	2/10・Q×2 台	4/10・Q×1 台
5 台	2	1/13・Q×1 台	2/13・Q×2 台	4/13・Q×2 台

ポンプ容量は口径によって表す。ポンプの口径は吐出し量と吸込み口の流速によって決める。吸込み流速はポンプの種類，回転数，吸込み実揚程によって異なるが，一般には 1.5〜3.0 m/s の範囲である。

ポンプの全揚程は次式で示される。

$$H = h_a + h_{pv} + h_0 + h_f \tag{10.2}$$

ここに，H は全揚程〔m〕，h_a は実揚程〔m〕，h_{pv} は吸込みおよび吐出し管の損失水頭〔m〕，h_0 は吐出し管末端の残留速度水頭〔m〕，h_f は吐出し管端から吐き口までの損失水頭〔m〕である。

図 10.17 に全揚程を図示してあるが，実揚程とは計画排水位と計画吸水位の差であり，これに吸込み管，吐出し管，弁，管などによる損失水頭と吐出し管末端の残留速度水頭を加えたものが全揚程である。

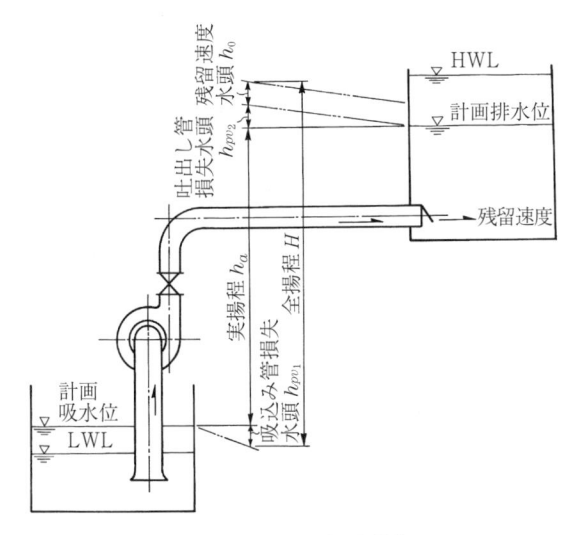

図 10.17 ポンプの全揚程

10.4 雨水流出量の調整

都市化が進むと地表の浸透面が少なくなり，その結果，流出係数が増し，降雨流出水が増加する。下水道の雨水排除施設はなるべくすみやかに雨水を公共水域に放流することを目的としている。しかし，公共水域側に受け入れ能力がある場合はよいが，必ずしも受け入れ能力がある場合ばかりとはかぎらない。特に河川の場合は雨水流出量が増加すると，下流での安全性が脅かされる場合がある。このような場合は，雨水の公共水域への放流量を調整する必要があり，調整池を設けてピーク流出量を抑制するなどの方法をとる。

10.4.1 調整池

調整池は雨水をいったん池へ流入させ，池の水位変動によってピーク流量を平均化させた後，公共水域に流出させるもので，ピーク流量の平滑化効果はたいへんに大きい。

調整池の設計は設計降雨量に対し，図 10.18 にあるような調整池への流入ハイエトグラフを描き，つぎに合理式などを用いてハイドログラフを作成する。この場合，流出係数は貯留量を扱うため，ピーク流出係数 C ではなく，流出係数 f を用いる必要がある。図 10.19 は東京のある団地で観測された降雨量と流出係数の関係を示したものであるが，降雨量が大きいほど流出係数は大きくなる傾向が認められる。また，この値はピーク流出係数より大きくなり，通常は $f = (1.3 \sim 1.5)C$ なる関係がある。

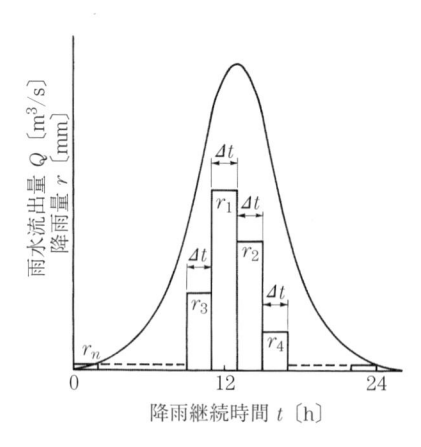

図 10.18 ハイエトグラフ(曲線)とハイドログラフ(棒グラフ)

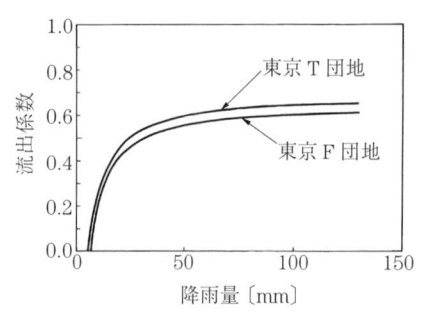

図 10.19 降雨量と流出係数の関係

調整池の必要容量はこの流入量から放流量を差し引いたものであり，放流はできるかぎりの自然流下により行うのが望ましく，オリフィス構造とすることが多い。構造は図 10.20 に示すようにダム式，掘込み式あるいは地下式とあるが，ダム構造の場合はダム構造基準に準じて設計する。

堆砂容量は排水区域の地質，土地利用によって異なるが，通常は 15 m³/ha 程度である。

10.4 雨水流出量の調整　**157**

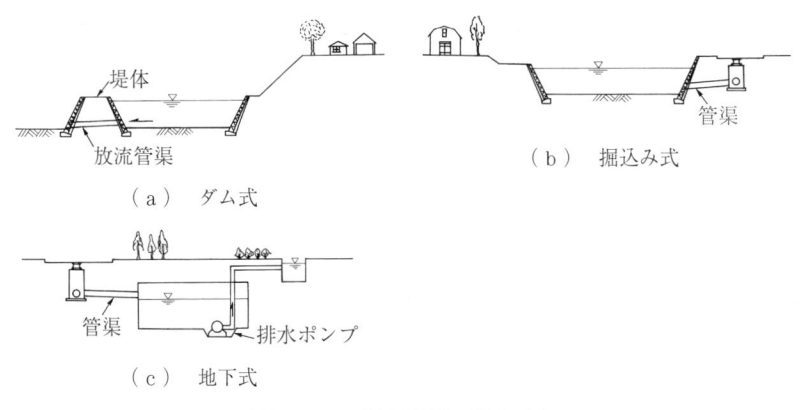

(a) ダム式（堤体／放流管渠）
(b) 掘込み式（管渠）
(c) 地下式（管渠／排水ポンプ）

図10.20 雨水調整池の構造形式

10.4.2 その他の調整方法

不浸透面が増えると地中への雨水の浸透量が減り，その結果，地下水への涵養量が減る。そのため，地下水位が低下し，樹木への水分供給が不十分になる。そこで，雨水をできるかぎり地中へ浸透させ，地下水涵養や樹木への水分供給を行いながら，結果として雨水流出量を制御しようという考え方がある。

このうち，雨水調整に対し，積極的な方法としては浸透池を設け，地下滞水層へ雨水を浸透させたり，注入井を用いて滞水層へ直接雨水を流入させる方法がある。また，中間的な方法では雨水管渠に透水性のあるものを用いる方法，あるいは雨水ますの底部に浸透性をもたせる方法，浸透性のトレンチを造り，雨水をう回させながら浸透させる方法などがある。さらに，消極的な方法としては道路面や歩道面の舗装に浸透性のある材料を用いる方法や，街路樹周囲の露出部分を広くするなどの方法もある。

しかし，これらの方法のうちには，市街地の雨水流出水は，道路面の堆積物を溶かしてくるため，水質的に問題のある場合があり，地下水汚染を引き起こす恐れがある場合もある。また，年月とともに目詰まりにより浸透能が低下するという問題もあり，その調整量もあまり大きくないことから，これらの方法にあまり多くの調整量を期待するのは難しい。

第11章 下水の水質

11.1 はじめに

下水は人間の生活活動や生産活動の結果，生じた廃棄物であるため，その中に多くの物質を含んでいる。特に有機物質が多く含まれており，そのまま公共水域に放流されると水質汚濁を引き起こす。そのため，有機物質の除去は下水処理の主目的である。以下，下水処理にとって重要な水質項目について説明する。

11.2 有機物質

有機物質は多種多様であり，すべてを的確に測定する測定法はない。

現在，有機物質の測定法には，BOD，COD，TOC，TODなどが用いられ，目的に応じて測定法を使い分けている。

BOD (bio-chemical oxygen demand) は生物化学的酸素要求量ともいわれ，好気性微生物の呼吸量によって有機物質量を間接的に測定する方法である。すなわち，水中に微生物によって分解可能な有機物質が存在し，その他，微生物の活動を制限する物質や環境がなければ，微生物はその有機物質を栄養源として増殖する。その際，好気性微生物であれば，必ず水中の溶存酸素を利用して呼吸するので溶存酸素の消費が生じる。その上，微生物の増殖はきわめて短時間のうちに行われるので，栄養源に見合う個体数にまですぐに増殖する。したがって，水中に有機物質量が多ければ，微生物の活動もそれに比例し

11.2 有機物質

て多くなり，呼吸量も多くなると考えてよい。これは酸素消費量で有機物質量を間接的に表現することになる。

図 11.1 は日数と累積酸素消費量の関係を培養温度をパラメータとして示した模式図である。微生物は培養温度によって活動に影響を受け，その結果消費酸素量も変化する。また，分解可能な有機物質を微生物が完全に無機化するまでには 100 日以上の日数がかかるといわれ，有機物質が完全に分解するまでの酸素量で BOD を測定することは不可能である。

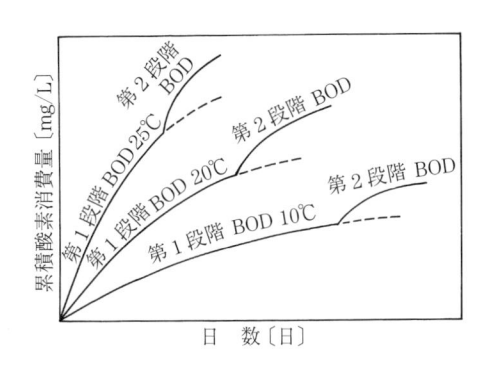

図 11.1 生下水と処理水の BOD の比較

そのため，BOD 試験は測定条件をそろえるため，20°C，5 日間で測定した酸素消費量をもって測定値としている。

さらに，図 11.1 に見られるように BOD の反応は 2 段階である。第 1 段階は水中の炭素化合物が微生物によって酸化され，その結果，生じる酸素消費で，次いで起こる第 2 段階反応はこの反応より遅れて生じる窒素化合物の酸化反応である。これを硝化というが，アンモニアが微生物により亜硝酸や硝酸に酸化される反応である。BOD 試験では 2 段階の反応が続けて起きるため，水質構成が異なると酸素消費の中身が異なることになり，BOD を絶対値として取り扱うことは困難である。

このように有機物質濃度の指標としての BOD は相対値であり，その中には異なった反応が含まれていて不確かであるように見えるが，反面微生物にとって分解可能な有機物質を測定しており，生物処理を考える上にはたいへん有効な指標でもある。

COD (chemical oxygen demand) は化学的酸素要求量ともいわれ，微生物ではなく化学酸化剤によって酸化される有機物質を，分解に関与した酸化剤中の酸素量で表す測定法である．これは使用される酸化剤の種類，分解条件，反応温度などにより結果が異なる上，有機物質だけでなく，酸化可能な無機物質があればそれも同時に酸化される．このように COD は必ずしも生物処理を考える場合，有用な指標ではないが，BOD が測定結果を得るまでに5日間を要するのに対し，ただちに結果がでるという利点がある．

また，BOD/COD 比は生物分解性を表す指標として用いられ，この値が大きければ生物分解性の良い有機物質が多く含まれていることを意味する．生物処理による下水処理場では，一般に流入下水は BOD/COD 比が1より大きく 1.5～2.5 を示すが，処理水は逆に1より小さくなる．

TOC (total organic carbon) とは全有機性炭素のことである．有機物質には必ず基本元素として炭素が含まれる．したがって，有機化合形態の炭素を測定すれば有機物質を直接測定したのと同じことになる．このように，TOC は BOD や COD のような間接的な測定法でないだけにたいへんに有効な有機物質の指標となる．

TOC の測定は触媒燃焼管内で試料を完全に酸化し，その結果，発生した炭酸ガスを測定することで行う．測定に時間がかからず，しかも，再現性に優れている．

TOD (total oxygen demand) は全酸素要求量で，やはり試料を燃焼させることにより測定する．測定結果は BOD，COD 同様，燃焼に利用された酸素量で示す．BOD や COD は有機物質の一部を酸化するにすぎないが，TOD の反応効率はたいへん良く，炭素や水素は 95～100％ の範囲で酸化できる．しかし，無機物質も同時に酸化される上，硝酸が試料中に含まれると酸素が放出されるので，測定結果に誤差を与える．

表 11.1 は各種の有機物質について，BOD，COD，TOC，TOD の測定結果を比較したものである．この表からも各測定法で測定される有機物質に相当な違いがあることが読みとれる．

11.2 有機物質

表 11.1 各種有機物質の BOD, COD, TOC, TOD (須藤隆一ほか著「活性汚泥法」(思考社) p.6 より)

物質名	分子式	理論的酸素要求量 [g/g]	COD ($K_2Cr_2O_7$法) [g/g]	COD ($KMnO_4$法) [g/g]	BOD [g/g]	TOD (測定値) [g/g]	TOC [g/g]	BOD/COD ($KMnO_4$法)
メチルアルコール	CH_3OH	1.500	1.430	0.400	0.980	1.413	0.362	2.4
エチルアルコール	C_2H_5OH	2.086	1.980	0.098	1.460	2.048	0.512	14.8
アミルアルコール	$C_5H_{11}OH$	2.400	—	0.018	1.265	—	—	70.2
グリセリン	$C_3H_8O_3$	1.217	1.170	0.630	0.620	1.165	—	0.9
マンニット	$C_6H_{14}O_6$	1.143	—	0.724	0.680	—	—	0.9
グルコース	$C_6H_{12}O_6$	1.066	1.056	0.674	0.640	1.058	—	0.9
乳糖	$C_{12}H_{22}O_{11}H_2O$	1.066	1.060	0.750	0.540	1.120	0.366	0.7
デキストリン	$(C_6H_{10}O_5)_x$	1.185	—	0.215	0.580	—	—	2.6
でんぷん	$(C_6H_{10}O_5)_x$	1.185	—	0.410	0.510	—	—	1.2
ぎ酸	$HCOOH$	0.348	0.343	0.049	0.210	—	—	4.2
酢酸	CH_3COOH	1.066	1.010	0.074	0.660	0.996	—	8.9
プロピオン酸	C_2H_3COOH	1.513	1.460	0.130	1.020	1.477	0.493	7.8
酪酸	C_3H_7COOH	1.818	1.780	0.079	0.900	1.856	—	11.3
しゅう酸	$(COOH)_2$	0.190	0.179	—	0.159	0.179	—	—
こはく酸	$(CH_2-COOH)_2$	1.949	—	0.001	0.640	—	—	640.0
乳酸	$C_2H_4(OH)COOH$	1.066	—	0.258	0.540	—	—	2.0
くえん酸	$C_6H_8O_7 \cdot H_2O$	0.686	0.534	0.400	0.400	—	—	1.0
酒石酸	$(CH(OH) \cdot COOH)_2$	0.534	0.519	0.490	0.300	—	—	0.6
安息香酸	$C_6H_5 \cdot COOH$	1.967	1.950	0.085	1.320	—	—	15.5
サルチル酸	$C_6H_5(OH)COOH$	1.623	—	1.315	0.970	—	—	0.7
パルミチン酸	$C_{15}H_{31}COOH$	2.875	—	0.003	1.464	—	—	488.0
ステアリン酸	$C_{17}H_{35}COOH$	2.929	2.700	0.000	1.460	—	—	—
石炭酸	C_6H_5OH	2.382	—	0.588	0.596	—	—	1.0
O-クレゾール	$C_6H_4(CH)_3OH$	2.518	2.470	1.280	1.290	2.293	—	1.0
尿素	N_2H_4-CO	1.334	—	0.613	1.013	1.270	—	1.6
アニリン	$C_6H_5NH_2$	2.838	3.090	2.330	0.070	—	—	0.03
O-トルイジン	$C_6H_4(CH_3)NH_2$	2.916	—	1.528	0.218	—	—	0.1
セルロース	$(C_6H_{10}O_5)_x$	1.185	1.090	0.000	0.080	—	—	—
グルタミン酸	$CH_2 \begin{cases} CH(NH_2) \\ \cdot CO_2H \\ CH_2 \cdot CO_2H \end{cases}$	0.980	1.010	0.060	0.570	—	—	9.5
アラニン	$CH_3CH(NH_2)CO_2H$	1.080	1.050	0.001	0.940	1.231	—	134.2
グリシン	H_2NCH_2COOH	0.639	0.642	0.020	0.320	0.581	—	16.0
ジエチルエーテル	$C_4H_{10}O$	2.590	0.840	0.010	0.030	2.450	—	3.0
酢酸ブチル	$C_6H_{12}O_2$	2.210	1.870	0.048	0.360	2.223	—	7.5
しょ糖	$C_{12}H_{22}O_{11}$	1.120	1.080	0.830	0.640	—	—	0.7

11.3 蒸発残留物

下水中に含まれる物質は有機物質,無機物質という分類のほかに粒子径による分類も重要である。

蒸発残留物(total solids-TS)は105～110℃で試料中の水分を蒸発させ,そのときの残留物を測定したものである。したがって,これより蒸発温度の低い物質は気化してしまい,測定値に含まれない。

また,試料を1μm程度の開き目のフィルタで沪過してから測定したもののうち,フィルタに残ったものを**浮遊物質**(suspended solids-SS),フィルタを通過したものを**溶解性物質**(dissolved solids-DS)という。したがって,粒子径からいってDSはコロイドも含んだものである。

蒸発残留物をこのように粒径で分けた上,さらに有機物質と無機物質に区分する方法を**強熱減量**といい,600℃で蒸発残渣を燃焼して測定する。この温度では有機物質は炭酸ガスや水となって気化し,燃焼後は残渣の重量が減少する。したがって,重量の減る分は有機物質であると考えることができる。

11.4 栄養塩類

植物性プランクトンの生産には種々の無機塩類が必要である。このうち,**窒素**と**リン**は大切な**栄養塩類**(nutrients)であるが,自然水中では一番不足しがちな物質である。しかし,下水中には窒素・リンともに十分含まれており,これらが湖沼や内海のような閉鎖性水域に放流されると種々の障害を引き起こす。

湖沼などの閉鎖性水域では降雨により,周辺から雨水流出水と一緒に流入する栄養塩類により生物生産活動が制限されている。すなわち,周辺から流入する栄養塩類が多ければその水域の生物生産は盛んであり,逆に少なければ活動が抑制される。湖沼は湖水中の栄養塩類の量によって貧栄養湖・中栄養湖・富栄養湖に区分され,それぞれの栄養状態に応じてそこに棲息する動・植物性プランクトン,魚類などに違いが出てくる。また,湖沼は周辺から流入する栄養塩類をしだいに蓄積し,長い年月をかけてゆっくりと生態を変化させてゆく。

この現象を**富栄養化**（eutrophication）と呼んでいるが，自然界で起こる栄養塩類の蓄積は非常に緩慢で生態の変化速度はきわめて遅い。

このような水域に人工的に多量の栄養塩類を流入させると，生態は急激な変化に対応できずに生物生産に種々の障害が発生する。例えば，ある種の植物プランクトンが異常発生することがある。この現象は水が赤く見えるほど赤い色のプランクトンが発生するので，海域では**赤潮**，淡水域では**淡水赤潮**と呼ぶが，必ずしも赤い色のプランクトンだけとはかぎらない。また，水利用に影響を与え，漁業，観光資源にも影響を及ぼす。現在では，このように人工的に栄養塩類の濃度を増加させることも含めて富栄養化と呼んでいる。したがって，富栄養化を防止するためには下水の放流先によっては窒素・リンの除去が必要になってくる。

窒素は 2.2 節でも述べたように水中で微生物による分解を受け，種々の形態をとりながら変化してゆき，有機性窒素，アンモニア性窒素，亜硝酸性窒素，硝酸性窒素として測定される。

11.5 重金属類

主として工場排水に由来するが，下水中には Cu, Zn, Cd, Pb, Fe, Mn, Ni, Hg が認められる。これらの重金属類はある濃度以上になると生物処理に障害を起こすことが知られている。例えば，Cu, Zn, Cd などは 1 mg/L 程度から影響があるとの研究もあるが，逆に微生物の馴致をうまくすればこれ以上の濃度でも影響がないとの報告もある。

下水処理過程では重金属類のほとんどが汚泥に濃縮される。また，これらの重金属類には有害な物質が多いので，含まれる量が多いと汚泥の処分方法に制約を受けることになる。

11.6 流入下水の水質

流入下水の水質は，工場排水の混入率，地下水の流入状況，あるいは排除方式により大幅に変動するが，BOD で 150～250 mg/L，SS も同程度の濃度で

あることが多い．一方，生物分解性の難易度を示す BOD/COD 比は 1.5〜2.5 の範囲であり，生物易分解性の有機物質が多く含まれている．

表 11.2 は，分流式下水道につき，夏期の流入下水水質を調べた結果であるが，ほぼ以上の数値の範囲内にある．

表 11.2 流入下水の水質(分流式下水道夏期平均水質)

処理場名	1日平均汚水量 〔m³/日〕	工場排水混入率 〔％〕	水温 〔℃〕	pH	SS 〔mg/L〕	BOD 〔mg/L〕	COD 〔mg/L〕	BOD/COD
神戸市中部処理場	65 800	31.6	25.0	7.0	157	163	88	1.85
福岡市御笠川処理場	37 200	15.8	23.8	7.1	222	174	92	1.89
日立市池の川処理場	35 900	5.5	22.5	7.3	153	197	87	2.26
町田市町田処理場	31 800	0.0	23.9	7.6	252	241	130	1.85
鹿児島市錦江処理場	29 600	15.5	25.5	6.8	160	240	110	2.18
久留米市津福処理場	22 900	23.1	24.0	7.2	105	238	61	3.90
横浜市緑処理場	21 500	0.0	22.3	7.9	210	220	120	1.83
鎌倉市七里ヶ浜処理場	17 000	0.0	22.7	7.7	180	181	77	2.35
交野市郡津処理場	10 300	0.0	23.4	7.3	168	188	86	2.19
北海道広島町広島処理場	6 900	2.6	17.6	7.3	129	169	74	2.28

一方，季節変動は，夏期より冬期のほうが BOD，SS ともに高くなるのが一般的な傾向であるが，これは冬期は水道の使用量が減ることに起因している．

第12章 下水処理

12.1 概　説

　下水処理の目的は放流水が放流先の水域に障害を発生させない程度に下水を浄化することにある。そのためには種々の水処理プロセスを組み合わせて，処理システムを構成し，目標水質を確保することがたいへん重要である。処理システムは**図 12.1**に示すフローシートで構成されており，大別すれば，**1次処理**（primary treatment），**2次処理**（secondary treatment），**高度処理**（advanced treatment）または**3次処理**（tertiary treatment），それに**汚泥処理**（sludge treatment）とからなる。このうち，高度処理を除くシステムが現在では最も一般的であり，必要に応じて高度処理が付加される。高度処理の必要性が強く指摘されながらも建設費，維持管理費の面からなかなか充実しないのが現状である。

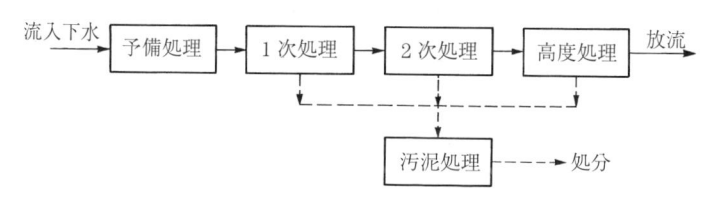

図 12.1　下水処理システムのフローシート

　1次処理は**物理的処理**（physical treatment）が一般的である。すなわち，沈殿により浮遊物質を除去し，これにより後段の2次処理の負荷軽減を図る。

沈澱以外には浮上分離を用いることがある。

2次処理は**生物処理**（biological treatment）である。活性汚泥法や散水沪床法が用いられ，好気性微生物の働きで下水中の有機物質を安定化する。

高度処理は2次処理の後段にくるので3次処理ともいうが，これは放流先水域の処理水水質の要求に合わせてより高度な処理を付加するもので，放流先の状況により導入する処理プロセスが異なる。

下水を処理すれば，必然的に汚泥が発生する。しかも，下水中に含まれる有害物質，危険物質はすべて汚泥中に濃縮されることになるから，汚泥の処理・処分がうまく行われなくては，下水処理は完結したことにはならない。

以上が下水処理システムの概要であるが，通常，2次処理で得られる放流水の水質は BOD 20 mg/L 以下，SS 30 mg/L 以下程度である。

12.2 予備処理と1次処理

12.2.1 予備処理

10.3節で述べたように下水は処理場に流入すると，場内ポンプ場でそれ以後は自然流下により処理水が放流できる水位まで揚水をする。そのとき，粗大浮遊物質除去のためにスクリーンが，砂を除去するために沈砂池が設けられていることはすでに述べた。これは主としてポンプ保護の目的で設置されるが，同時に後段の下水処理を円滑に行う目的も備えている。

図12.2 は**予備処理**（pretreatment）および1次処理のフローシートであるが，予備処理に**予備エアレーションタンク**（preaeration tank）が設けられることがある。これは，下水の腐敗を防止する目的で備えられるが，下水中に油脂が含まれる場合はその除去効果もあり，臭気発生防止にも役立つ。また，予

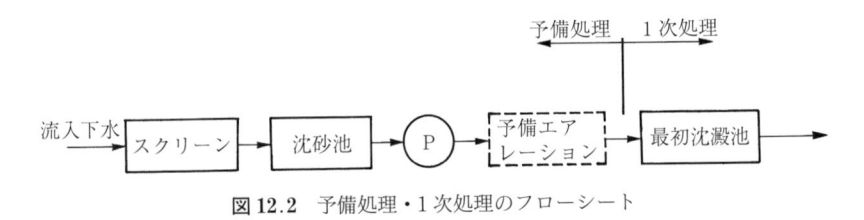

図12.2 予備処理・1次処理のフローシート

備エアレーションタンクに余剰汚泥を返送する場合がある。返送量は計画下水量に対し容量比で1〜2％程度であるが，活性汚泥フロックに浮遊物質が吸着されるため，後段の沈澱池でのBOD，SS除去率が向上する。滞留時間は10〜20分程度であるが，活性汚泥の返送をする場合は10分程度滞留時間を長くするとよい。また，沈砂池を曝気沈砂池とした場合は予備エアレーションタンクは設置しない。

12.2.2　1　次　処　理

1次処理には沈澱が用いられる。下水処理では生物処理にも沈澱池が用いられることから，この沈澱池を**最初沈澱池**（primary settling tank）または**第1沈澱池**と呼び区別する。

沈澱理論については6.3節で述べたので省略するが，本沈澱池の設置目的はここで沈降分離できるものはなるべく分離し，後段の生物処理の負荷を軽減することである。そのため，後段に採用される処理方法により最初沈澱池での除去程度が異なる。**表12.1**は**標準活性汚泥法**における最初沈澱池の滞留時間を示すが，一般的には3時間以上の滞留時間をとっても除去率はそれほど向上しない。また，合流式下水道の場合は雨天時下水量に対して最低でも30分間の滞留時間を確保する必要がある。

表12.1 標準活性汚泥法における沈澱時間（参考）（「下水道施設計画・設計指針と解説（2001年版）」（日本下水道協会）より）

	分流式下水道	合　流　式　下　水　道	
設　計　水　量	計画1日最大汚水量	計画1日最大汚水量	雨天時計画汚水量
沈　澱　時　間〔h〕	1.5	3.0	0.5以上

水面積負荷は25〜50 m³/m²/dの範囲で計画し，有効水深は2.5〜4.0 mとし，余裕高を40〜60 cm程度とる。

図12.3は水面積負荷と有効水深の各組合せを滞留時間をパラメータとして示したものである。最初沈澱池では下水中に含まれる油脂やタンパク質により，**スカム**（scum）が発生する。そのため，流出堰手前に必ずスカム止めと除去装置を設置する。流出設備は三角堰などによる越流堰構造とするが，その

必要長は越流負荷が $250 \text{ m}^3/\text{m/d}$ 以下になるよう決定する。

池の形状は長方形または円形とするが，長方形池では長さと幅の比を $3:1 \sim 5:1$ とし，円形池では直径と深さの比を $6:1 \sim 12:1$ 程度とする。

沈澱汚泥は連続的に排泥ができるよう，汚泥かき寄せ機で連続的に汚泥ピットへかき寄せ，ポンプで引き抜く。かき寄せ機は長方形池ではチェーンフライト式もしくはミーダ式を用い，円形池では回転式とする。この場合，かき寄せ速度は沈澱池の流れを乱さない速度とすることが肝要であり，沈澱池の平均流速以下とする。

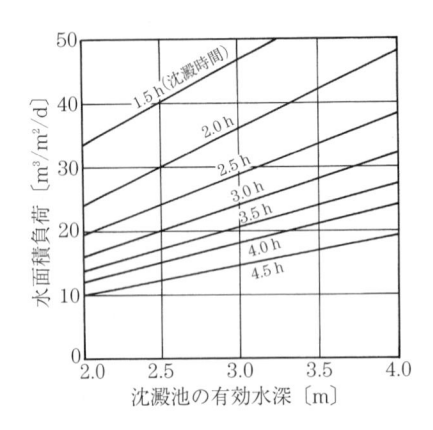

図 12.3 水面積負荷と有効水深および沈澱時間との関係

12.3　2次処理（生物処理）

12.3.1　生物分解作用と処理原理

下水の2次処理には生物処理が用いられる。生物処理とは下水中の有機物質を微生物に基質として利用させ，その結果，下水中の有機物質を除去し，安定化させる方法である。利用する微生物の種類，利用形態により**生物処理**（biological treatment）は**図 12.4** に示すように大別される。

```
             ┌─ 浮遊生物処理法 ──── 活性汚泥標準法，活性汚泥各種変法
好気性処理 ──┼─ 固定生物膜処理法 ── 散水沪床法，好気性沪床法，接触酸化法，回転円板法
             └─ その他の処理法 ──── 担体利用処理法
好気・嫌気性処理 ───────────── 循環式硝化脱窒法，嫌気・好気活性汚泥法
嫌気性処理 ─────────────────── 嫌気性ラグーン法，嫌気性消化法
```

図 12.4 生物処理の分類

好気性処理（aerobic treatment）とは，溶存酸素がある状態でおもに**好気性微生物**（aerobic micro-organism）の働きにより有機物質を安定化させる方法で，微生物と下水を接触させる方法によって**浮遊生物処理法**（suspended

12.3 2次処理（生物処理）

growth treatment process），**固定生物膜処理法**（attached growth treatment process），その他の方法に分類することができる。浮遊生物処理法の代表は**活性汚泥法**（activated sludge process）であるが，この方法は微生物をフロック状態にして下水と接触させ，下水中の有機物質を微生物が利用することで有機物質を除去する方法であるが，標準法のほかに多くの変法が開発されている。一方，固定生物膜処理法は微生物を坦体上に膜状に付着させて下水と接触させる方法で，古くは**散水沪床法**（trickling filtration）が主要な処理方法であったが，最近は**回転円板法**（rotating biological contactor process）や**好気性沪床法**（aerobic filtration），**接触酸化法**（packed-bed reactor process）が用いられる。

図12.5は，微生物により下水中の有機物質がどのように代謝されるかを示したものである。代謝には**好気性代謝**（aerobic metabolism）と**嫌気性代謝**（anaerobic metabolism）があり，いずれも有機質は分解を受ける。好気性代謝では従属栄養性微生物によって窒素分を含まない炭素系有機物質は**基質**（substrate）として取り込まれ，

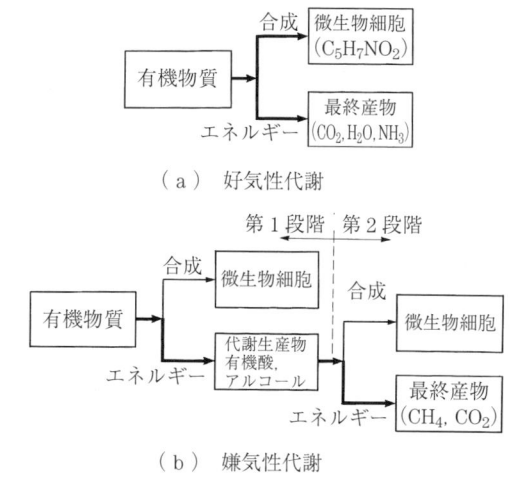

(a) 好気性代謝

(b) 嫌気性代謝

図12.5 微生物の代謝機構

エネルギーと細胞合成に利用され，炭酸ガスと水，そして新しい生物細胞となる。一方，窒素系有機物質もしだいに分解を受けアンモニアに分解された後，硝化菌の働きで亜硝酸や硝酸に酸化される。このとき基質の約半分が新細胞になるため，すみやかに増殖が生じ，比較的短時間に有機物質は量的な変化を受ける。

これに対し，嫌気性代謝では有機物質は2段階の反応を受ける。第1段階で

は，通性嫌気性菌が硝酸塩などを呼吸源として有機物質を分解し，エネルギー源と新細胞にする。その結果，代謝産物として有機酸やアルコールなどを産出する。第2段階では，この代謝産物が利用され，メタン生成菌の働きでメタンと炭酸ガスに分解する。この反応では細胞合成に使われる基質の割合が低い。そのため，嫌気性代謝を処理に利用すると，有機物質の分解がゆっくりと進むこととなる。処理の面から考えると，大量の下水を対象とする下水処理では有機物質の分解が早く進むことから，好気性処理のほうが有利であるが，汚泥処理のように有機物質濃度が高い場合は，好気性を維持することが難しいことから，嫌気性処理がおもに利用されている。

下水処理は，代謝速度の違いから，おもに好気性で行われるが，関与する微生物は細菌と原生動物が主体であり，多くの種類の微生物が複雑な食物連鎖の中で関与している。

図12.6は微生物による有機物質の代謝過程を示したものである。微生物は有機物質と接触すると，体外酵素を利用して分解し，細胞内物質として取り込もうとする。そのため，すぐには増殖活動が始まることはなく，誘導期やわずかに増殖が始まる増殖期を経て活発な増殖活動へ移っていく。活発な増殖活動が見られる時期を**対数増殖期**（log growth phase）というが，微生物は分散状態にあり，フロックを形成しない。この時期までは微生物に対して十分に有機物質が存在し，基質が得られる状態であることから，増殖速度は微生物の増殖能で支配される。しかし，その後は有機物質が十分でなくなるため死滅が生じるようになり，増殖速度が小さくなる。この時期を減衰増殖期というが，増殖の律速因子に基質が加わることになる。やがて死滅速度と増殖速度がバランスし，その後はしだいに細胞

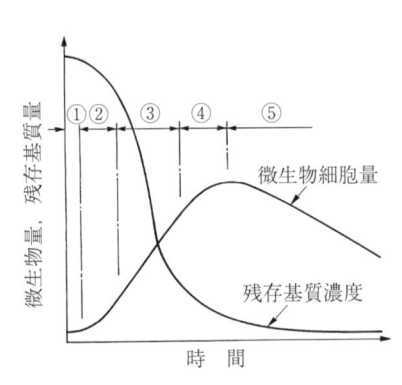

①誘導期（初期吸着期）　②増殖期　③対数増殖期　④減衰増殖期　⑤内生呼吸期

図12.6　微生物による基質代謝

量が減少する。微生物はおもに**内生代謝**（endogenous metabolism）だけにエネルギーを利用するため，**内生呼吸期**（endogenous respiration phase）というが，微生物はフロック状態になり，沈降性がきわめて良い状態になる。後述の活性汚泥法は，微生物による有機物質の代謝と細胞分離を利用する処理法であることから，この対数増殖期と内生呼吸期をうまく利用することで効率的な処理が実現する。一方，酸素消費量は対数増殖期では活発な増殖活動のため大きくなるが，内生呼吸期では大幅に少なくなる。

12.3.2 下水処理に関与する微生物

〔1〕 細　菌　　下水中の BOD 成分の除去に直接関与するのが細菌である。細菌は球菌，桿菌，コンマ状菌，ラセン菌があるが，その大きさは 0.1 μm 前後である。下水処理と細菌相の関係はよく判明していないが，活性汚泥中に多く見られる菌は，*Zooglea*，*Micrococcus*，*Achromobacter*，*Alcaligenes*，*Bacillus* である。また，アンモニアを亜硝酸に，亜硝酸を硝酸に酸化するのはそれぞれ *Nitrosomonas*，*Nitrobacter* の働きである。

〔2〕 真菌類　　いわゆるカビである。多くの種類は，糸状の菌糸を分岐し，集合体をつくる。糸状体の幅は 5〜20 μm で，活性汚泥に発生すると，沈降性が妨げられ，糸状性バルキングを発生させる。

〔3〕 藻　類　　珪藻，緑藻，藍藻に分けられるが，水処理ではあまり重要な役割を果たしていない。

〔4〕 原生動物　　原生動物とは動物のうち最も下等なもので単細胞からなる。原生動物は繊毛虫類，鞭毛虫類，肉質類に分けられ，下水処理では比較的よく出現する。大きさは 5 μm から大きいものは 3 000 μm にも達するものがあるが，通常は 30〜100 μm である。

活性汚泥中によく出現する動物相を**表 12.2** に示すが，*Vorticella*，*Epistylis*，*Aspidisca* が多く出現する。

〔5〕 後生動物　　後生動物とは多細胞でできている動物であるが，このうち，下水処理に出現するのは輪虫類と線虫類である。大きさは輪虫類は 200〜500 μm，線虫類は 1 000〜3 000 μm 程度のものが多く出現する。

表12.2 活性汚泥の微小動物相（須藤隆一ほか著「活性汚泥法」（思考社） p.25 より）

生物名	都市下水 (活性汚泥 標準法)	家庭下水 (活性汚泥 標準法)	生活排水 (長時間 曝気法)
繊毛虫類 ボルティケラ (*Vorticella*)	100	480	11 000
オペルクラリヤ (*Opercularia*)	—	6 600	—
エピスティリス (*Epistylis*)	1 400	2 800	—
アスピディスカ (*Aspidisca*)	2 000	2 600	880
ユープロティス (*Euplotes*)	—	200	—
アンフィレプッス (*Amphileptus*)	—	—	20
キロドネラ (*Chilodonella*)	—	60	—
スピロストムム (*Spirostomum*)	—	—	360
ウロネマ (*Uronema*)	50	—	—
トコフィリア (*Tokophrya*)	40	50	40
鞭毛虫類 ペラネマ (*Peranema*)	220	—	70
モナス (*Monas*)	160	360	—
エントシホン (*Entosiphon*)	130	—	—
肉質類 アメーバ (*Amoeba*)	120	240	700
アルケラ (*Arcella*)	20	360	80
ユーグリファ (*Euglypha*)	120	—	20
輪虫類 レパデラ (*Lepadella*)	—	600	—
セファロデラ (*Cephalodella*)	20	—	—
ロタリア (*Rotaria*)	—	—	140
フィロジナ (*Philodina*)	40	—	—

12.3.3 活性汚泥法

〔1〕 **処理方法の概要** **活性汚泥標準法** (conventional activated sludge process) のフローシートを**図12.7**に示すが, 本法は**曝気槽** (aeration tank) と沈澱池からなる処理プロセスで, 最初沈澱池流出水を処理対象水とする. そのため, 最初沈澱池と区別するため, 本プロセスの沈澱池を**最終沈澱池** (final settling tank) または**第2沈澱池**と呼ぶ.

処理原理は, 曝気槽で**活性汚泥** (activated sludge) と呼ばれる好気性微生

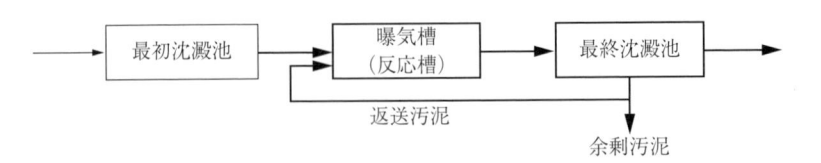

図12.7 活性汚泥標準法のフローシート

物集団と下水を接触させ，下水中の有機物質を微生物に摂取させ，沈澱池で微生物細胞を分離する。処理が良好に進行していれば，下水中に含まれる有機物質は微生物によって代謝または吸着されており，沈澱池の上澄水中にはほとんど残存しないので，処理水として放流する。一方，沈澱汚泥は微生物細胞であるから，つぎの処理のため，一部を再び曝気槽（最近は反応槽と呼ぶ）の前端部に**返送汚泥**（return sludge）として戻す。そして残りの汚泥は**余剰汚泥**（excess sludge）として汚泥処理施設で処理・処分する。

このため，曝気槽は下水中の有機物質を利用した微生物の連続培養槽であり，ここで微生物は基質を摂取し，増殖が行われるわけであるから，微生物が十分に活動できる条件を整えておく必要がある。また，処理の面からは，微生物に移行した有機物質が沈澱池で微生物とともに分離できて初めて処理として成り立つわけであるから，活性汚泥が沈降分離しやすい状態で沈澱池に導く必要がある。一般に，活性汚泥は誘導期と内生呼吸期に入った直後にフロック化する傾向があるため，この時期の汚泥が最も沈降分離に適している。活性汚泥標準法はこの性質を利用した処理方法である。一方，生物活性が盛んな対数増殖期には微生物は分散状態にあり，フロック化しにくい。また，内生呼吸期に入ってからは自己酸化によりしだいにフロックが小さくなるため，沈降性が低下する。

〔2〕 **活性汚泥の動力学**　活性汚泥の基質除去と微生物の増殖はモノ（Monod）によって示され，ミカエリス（Michaelis）とメンテン（Menton）は酵素反応速度式を用いて次式で示した。

$$\mu = \mu_{max}\left(\frac{K}{K_S + S}\right) = \frac{1}{X} \cdot \frac{dX}{dt} \tag{12.1}$$

ここに，μ は比増殖速度〔d^{-1}〕，μ_{max} は基質律速とならない場合の最大比増殖速度〔d^{-1}〕，K_S は比増殖速度が μ_{max} の1/2となるときの基質濃度で飽和定数〔mg/L〕（**図12.8**），S は基質濃度〔mg/L〕，X は細菌類を主体とする微生物濃度〔mg/L〕である。

よって，式 (12.1) は次式となり，微生物濃度 X を活性汚泥濃度と考えれば，

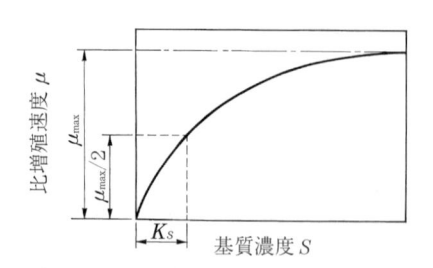

図 12.8 比増殖速度と制限基質濃度との関係

dX/dt は活性汚泥の増殖速度となる。

$$\frac{dX}{dt} = \frac{\mu_{\max} XS}{K_S + S} \quad (12.2)$$

ここで，基質濃度 S が飽和定数 K_S より十分大きい場合，すなわち基質が十分にある反応初期の段階では式(12.2)は次式となる。

$$\frac{dX}{dt} = \mu_{\max} X = k_1 X \quad (12.3)$$

ここに，k_1 は活性汚泥の増殖における反応定数〔d^{-1}〕である。

この式からわかるように，活性汚泥の増殖速度は基質濃度 S に無関係となり，活性汚泥濃度に対しては1次反応であるが，基質に対しては0次反応に従うことになる。

また，逆に S が K_S に比べ小さい場合は

$$\frac{dX}{dt} = \left(\frac{\mu_{\max}}{K_S}\right) XS = k_2 XS \quad (12.4)$$

となり，活性汚泥濃度に対しても，基質濃度に対しても，1次反応となる。ここに，k_2 は反応定数〔d^{-1}〕である。

一方，除去された基質が活性汚泥中の微生物細胞となることから，式(12.3)，(12.4)は係数を変更して次式に変形し得る。

$$\frac{dS}{dt} = -K_1 X \quad (12.3)'$$

$$\frac{dS}{dt} = -K_2 XS \quad (12.4)'$$

ここに，K_1，K_2 は BOD 除去速度定数であるが，一般には時間単位に h を用い，h^{-1} で表す。

以上のことから，対数増殖期での活性汚泥の増殖速度と基質除去速度は式(12.3)および式(12.3)′で示され，減衰増殖期では式(12.4)，(12.4)′で示される。

つぎに，K_2 の求め方をピストン流方式の場合について考えてみる。

ピストン流方式では式(12.4)'を積分し，境界条件として曝気槽流入端のBODをS_0，流出端をS_eとし，曝気槽の滞留時間をTとすると次式を得る。

$$\frac{S_e}{S_0}=\exp(-K_2 XT) \tag{12.5}$$

よって，BOD除去率Eは式(12.6)となり，K_2は式(12.7)で示される。

$$E=1-\frac{S_e}{S_0}=1-\exp(-K_2 XT) \tag{12.6}$$

$$K_2=\ln\left(\frac{S_e}{S_0}\cdot\frac{1}{XT}\right) \tag{12.7}$$

〔3〕 **BOD負荷** 活性汚泥法は微生物に下水中の有機物質を栄養源として与え，微生物はその有機物質を吸着，酸化することにより成り立つ処理方法であるから，微生物量と有機物質の比はたいへん重要な因子となる。この比率を**F/M比**(food-to-microorganisms ratio) という。F/M比は概念値であり，実用に際しては実際の測定項目で表現する必要がある。Fは微生物に与えられる有機物質量であるが，測定法としては生物分解可能な有機物質を示すBODが通常利用される。また，Mは微生物細胞量であるが，曝気槽内のSSはそのほとんどが返送汚泥に由来し，返送汚泥は微生物を沈澱池で分離したものであるから，曝気槽内のSSすなわち**混合液中浮遊物質濃度**（MLSS）を代表値として用いることができる。このため，活性汚泥法ではF/M比を**BOD-SS負荷**として具体化し，設計や操作上の指標として用いている。なお，SSの代わりにVSS（揮発性浮遊物質）を用いるほうがより厳密である。

$$L_s=\frac{Q_0 C_0}{C_t V_t} \tag{12.8}$$

ここに，L_sはBOD-SS負荷〔kg-BOD/kg-SS/d〕，Q_0は曝気槽への流入下水量〔m³/d〕，C_0は曝気槽への流入下水のBOD濃度〔mg/L〕，C_tは曝気槽内のSS濃度（MLSS）〔mg/L〕，V_tは曝気槽容積〔m³〕である。

BOD-SS負荷は標準法で0.2〜0.4 kg-BOD/kg-SS/dの範囲で運転され，この値は**図12.9**に示すように処理水水質と密接な関係がある。また，BOD負荷を曝気槽の単位容積当りで示す方法がある。これを**BOD容積負荷**と呼ぶが，処理装置の容積効率を示すことになり設計指標として役立つ。

$$L_v = \left(\frac{Q_0 C_0}{V_t}\right) \times 10^{-3} \tag{12.9}$$

ここに，L_v は BOD 容積負荷〔kg-BOD/m³/d〕である．

〔4〕 **曝気槽内の滞留時間** 曝気槽内の**平均滞留時間**（hydraulic retention time-**HRT**）は，下水中の有機物質と微生物が接触する時間であるから，微生物の代謝時間に直接関与するので F/M 比と並んで処理にとって重要であり，同時に施設設計にとっても基本数値である．通常，HRT は，設計時には返送汚泥量を考慮せず流入下水量に対してのみ計算し，標準法では 6～8 時間としているが，これは返送汚泥比が操作因子であることに起因する．

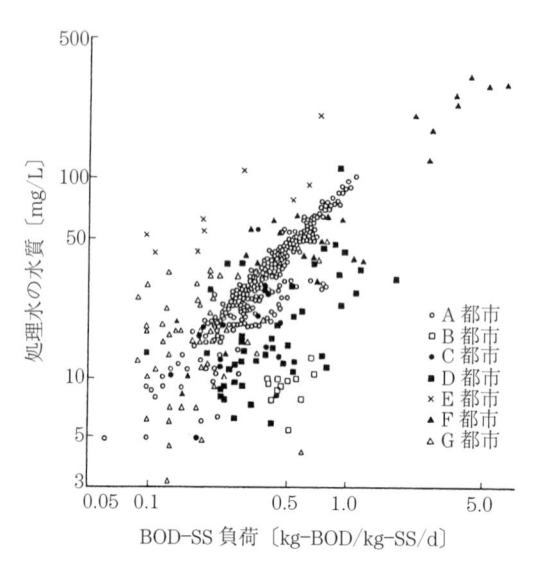

図 12.9 BOD-SS 負荷と処理水の水質（BOD）の関係（「下水道施設計画・設計指針と解説（2001 年版）」（日本下水道協会）より）

$$T_1 = \frac{V_t}{Q_0} \times 24 \tag{12.10}$$

ここに，T_1 は滞留時間〔h〕である．

標準法では，流入下水量に対して通常 20～40% の返送汚泥が戻されることから，実滞留時間は式 (12.11) に示すように，上記の時間より短い．

$$T_0 = \frac{V_t}{Q_0(1+r)} \times 24 \tag{12.11}$$

ここに，T_0 は実滞留時間〔h〕，r は返送汚泥率である．

〔5〕 **汚泥滞留時間** 汚泥滞留時間（sludge retention time-**SRT**）は HRT と並ぶ重要な因子で，曝気槽，最終沈澱池，返送汚泥装置内にとどまる

活性汚泥の滞留時間である。SRT は短ければ増殖速度の遅い微生物の増殖を抑制するし，逆に長ければ，活性度が低下するため，適正値に保つことが必要である。SRT は定義に従うと式 (12.12) のようになる。

$$\mathrm{SRT} = \frac{V_t C_t + V_s C_r + V_r C_r}{Q_s C_r + (Q_0 - Q_s) C_e} \tag{12.12}$$

ここに，V_t は最終沈澱池内に汚泥が滞留している容積〔m³〕，V_r は返送汚泥系の容積〔m³〕，C_r は返送汚泥の平均 SS 濃度〔mg/L〕，Q_s は余剰汚泥量〔m³〕，C_e は処理水中の平均 SS 濃度〔mg/L〕である。

ここで，曝気槽以外の汚泥を無視すれば，式 (12.12) は式 (12.13) に簡略化できる。

$$\mathrm{SRT} = \frac{V_t C_t}{Q_s C_r + (Q_0 - Q_s) C_e} \tag{12.13}$$

さらに，曝気槽中の固形物量に比べ，処理水中の活性汚泥量は少ないので，C_e を無視すれば次式で表せる。

$$\mathrm{SRT} = \frac{V_t C_t}{Q_s C_r} \tag{12.14}$$

SRT は活性汚泥の比増殖速度と関連が深いため，F/M 比と並んで重要な値である。特に，窒素除去を考え硝化を確実に行うためには，硝化菌の増殖速度が小さいため，SRT を大き目に取る必要がある。

また，SRT に似た指標に**汚泥日令**（sludge age）がある。これは曝気槽へ流入した浮遊物が平均的に曝気を受ける日数であり，仮定としては活性汚泥中の微生物は流入下水に依存し，システム内で汚泥の増殖も減少もしないとして求める。

$$S_a = \frac{V_t C_t}{Q_0 C_{s0}} \tag{12.15}$$

ここに，S_a は汚泥日令〔d〕であり，C_{s0} は曝気層へ流入する下水の SS 濃度〔mg/L〕である。

汚泥日令は汚泥の新鮮度を示す指標で，この値が大きいと汚泥中に不活性な灰分の蓄積が生じ，活性度が低下すると判定できる。標準法ではおおよそ 2～

4日で運転される。

〔6〕 **汚泥の沈降性** 活性汚泥法は活性汚泥に下水中の有機物質を吸着させ酸化安定するプロセスであるから、最終沈澱池で活性汚泥がうまく沈降分離できるかどうかが非常に重要である。

汚泥の沈降性を直接観察する方法として、SV_{30} (sludge volume) がある。これは、混合液を1Lメスシリンダーにとり、30分間静止沈澱させ、沈降した汚泥の容積パーセントで示す。

すなわち、SV_{30} が小さい値を示すことは沈降分離性が良好なことを示している。しかし、SV_{30} は混合液のSS濃度を考慮していない。そのため、SS濃度の異なる汚泥について SV_{30} を用いて、沈降性を比較することはできない。モールマン (Mohlman) は濃度の異なる汚泥の沈降性を示す指標として **SVI** (sludge volume index) を示した。

SVI は SV_{30} の汚泥部分で、1gの固形物質が占める汚泥体積のmL数を示したものである。すなわち、MLSS と SV_{30} を用いて SVI は式 (12.16) で示される。

$$SVI = \frac{SV_{30}}{C_t} \times 10^4 \qquad (12.16)$$

SVI は値が小さければ小さいほど沈降汚泥の圧密性がよいことになる。正常な活性汚泥ではこの値は 70〜150 の範囲であり、200 以上となると**バルキング** (bulking) と呼び、活性汚泥が沈降性を失った異常状態である。

また、SVI のほかに SDI と呼ばれる指標もあるが、これは SV_{30} の汚泥 100 mL に含まれる汚泥固形物のグラム数で示される。

〔7〕 **返送汚泥量** F/M 比 (BOD-SS負荷) を一定に保つためには MLSS の濃度を一定に保持することが必要である。これは返送汚泥の濃度と返送する汚泥量によって定まってくる。

一般に、SV_{30} を測るため 30 分間静置した汚泥は沈澱池での汚泥より濃度が高く、汚泥の最大濃縮状態であると考えてよい。よって、返送汚泥の濃度 C_r は次式となる。

$$C_r \leq C_{r\max} = \frac{C_t}{SV_{30}} \times 10^2 = \frac{1}{SVI} \times 10^6 \tag{12.17}$$

一方，MLSS濃度 C_t が返送汚泥だけで決まると仮定すれば，汚泥返送率 r を用いて，C_t は次式で示される．

$$C_t = \frac{C_r Q_0 r}{Q_0(1+r)} = C_r \frac{r}{1+r} \tag{12.18}$$

よって，式 (12.5)，(12.18) から，MLSS濃度はSVIと汚泥返送率を用いて次式で示される．

$$C_t \leq \frac{1}{SVI} \cdot \frac{r}{1+r} \times 10^6 \tag{12.19}$$

〔8〕 **混合方式と曝気方法**　曝気槽の下水の混合方式はピストン流による押出し流れと，完全混合に分けられる．標準法などのように大量の都市下水を処理する場合は一般に押出し流れが用いられ，小規模処理施設では完全混合方式が用いられることが多い．

曝気方式は大別すると機械攪拌式と散気式とに分けられる．

機械攪拌式は水面を機械的に攪拌し，水滴を空中に飛ばしたり，空気を水中に巻き込むことにより曝気する．

機械攪拌式は散気式に比べ一般に動力効率がよく維持管理も容易であるが，混合液の飛沫が飛んだり，臭気，騒音の点などで問題がある．

攪拌方式には縦軸型と横軸型がある．縦軸型は**図 12.10** に示すように水面に水平に設置した回転翼で曝気を行うもので，翼の下に円筒形のコーンをつけて混合液の循環を促す場合もある．また，横軸型にはケスナーブラシやパドル式などがあり，後述する活性汚泥の変法の一つであるオキシデーションディッチ法などによく用いられる．

一方，散気式はわが国で広く用いられている．この方式は動力効率は機械式に比べ若干劣るが酸素の溶解能力が高い．散気式は散気装置で気泡を水中に送

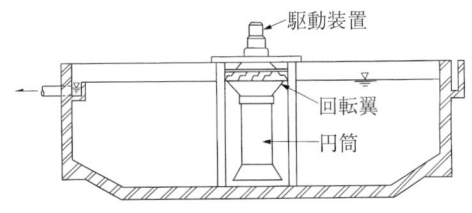

図 12.10　円筒付機械攪拌装置

り込み酸素を溶解させるものである。気泡の大きさによって散気装置を微細気泡型と粗気泡型に分けることができる。また，図 12.11 に示すように攪拌方式によって旋回流式，全面曝気式，微細気泡性噴射式，水中攪拌式に分けられる。

攪拌方式は旋回流式が最も多く採用されており，完全混合型では全面曝気式が用いられる。

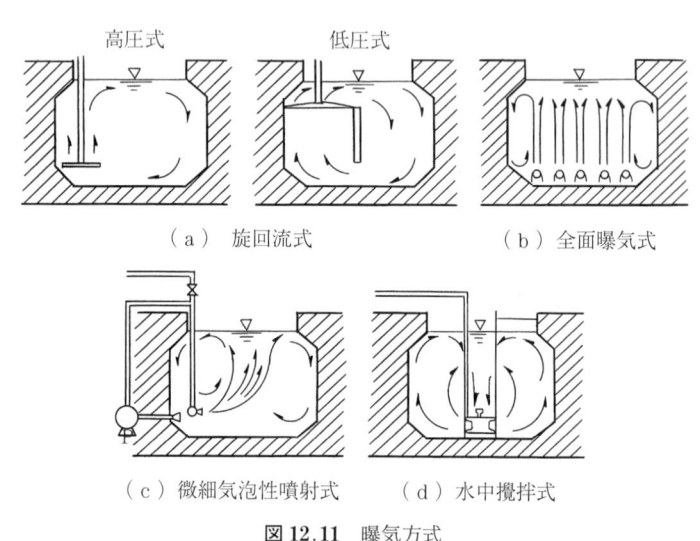

（a）旋回流式　高圧式　低圧式

（b）全面曝気式

（c）微細気泡性噴射式

（d）水中攪拌式

図 12.11 曝気方式

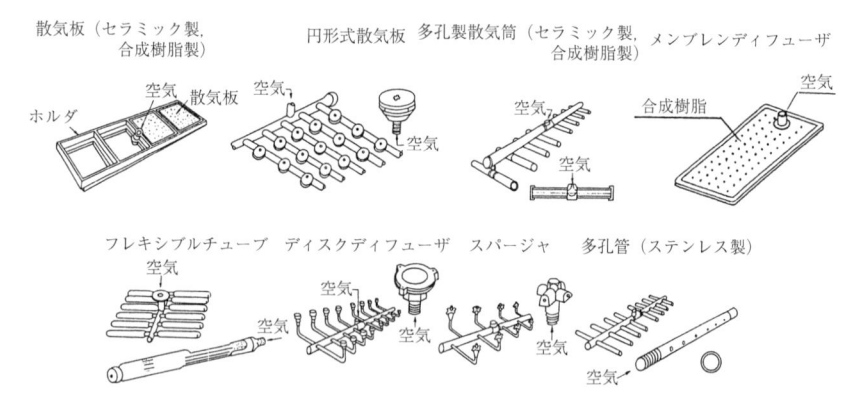

散気板（セラミック製，合成樹脂製）　円形式散気板　多孔製散気筒（セラミック製，合成樹脂製）　メンブレンディフューザ

フレキシブルチューブ　ディスクディフューザ　スパージャ　多孔管（ステンレス製）

図 12.12 散気装置の例（「下水道施設計画・設計指針と解説（2001 年版）」（日本下水道協会）より）

散気装置は図 12.12 に示すように, 散気板, 散気筒, ディフューザがあり, さらに微細気泡型と粗大気泡型がある. 材質はセラミック, 合成樹脂, 金属が使用される.

〔9〕 **酸素溶解機構**　空気から水への酸素溶解は 2 境界膜説で説明される. 2 境界膜説とは気相と液相の接触面にはたがいの相に気膜・液膜と呼ばれる膜ができ, その両膜を通じて物質移動が生じるというものである. また, 両膜内では分子拡散により物質が移動すると考えるものである.

酸素分子の移動は膜以外の部分では乱流拡散によって支配されると考え, 気膜内の分子拡散係数が液膜内より十分大きいとすれば, 物質移動は結局, 液膜内の分子拡散によってのみ支配されると考えてよい. この場合, 平衡状態では液膜内の酸素濃度は図 12.13 に示す分布となる.

液膜の厚さを δ とする. 空気中では酸素濃度がつねに飽和濃度 C_s と等しいので, 酸素の移動速度 v は次式で示される.

$$v = D \frac{1}{\delta}(C_s - C) \quad (12.20)$$

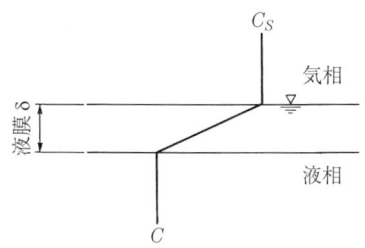

図 12.13　酸素移動の模式図

ここに, v は酸素移動速度, D は拡散係数, C_s は溶存酸素飽和濃度, C は溶存酸素濃度, δ は液膜の厚さである.

いま, 空気と水との接触面積を A とし, 水の体積を V とすると次式を得る.

$$\frac{dm}{dt} = v A = \frac{D}{\delta} A (C_s - C) \quad (12.21)$$

$$\frac{dC}{dt} = \frac{1}{V} \cdot \frac{dm}{dt} = \frac{D}{\delta} \cdot \frac{A}{V}(C_s - C) \quad (12.22)$$

ここに, m は移動酸素量を示す.

$D/\delta = Kl, A/V = a$ とすると式 (12.22) は次式となる.

$$\frac{dC}{dt} = Kla(C_s - C) \tag{12.23}$$

Kla を**総括酸素移動係数**(overall coefficient for oxygen transfer)と呼び,通常は〔h^{-1}〕の単位で用いる.

式 (12.23) から,dC/dt は曝気槽内での微生物の酸素消費速度より大きくなるように散気装置の大きさを決める必要がある.$(C_s - C)$ の値は空気中の酸素分圧や水温で決まりほぼ一定値となることから,Kla が大きくなるほど酸素の溶解能が高いということになる.

Kla は Kl と a に分けられ,a は単位体積当りの空気との接触面積であることから,同じ空気量を吹き込むのであれば,吹き込まれた気泡が小さいほど a の値は大きくなることがわかる.

〔10〕 活性汚泥への影響因子

(a) 栄 養 微生物の代謝に必要な栄養分は有機物質と窒素・リンなどの栄養塩類である.12.3.1 項で述べたように有機物質の一部は酸化されてエネルギー源となり,一部は新しい細胞に合成される.生物細胞の化学的組成については諸説があるが,活性汚泥が正常に代謝をするための有機物質と栄養塩類の比は BOD:N:P=100:5:1 程度であるといわれる.家庭下水を主体とする都市下水では窒素・リンがこの比以上に十分含まれており,代謝のために栄養塩類が不足することはない.しかし,工場排水の流入が多い場合にはバランスを欠くことがあり注意を必要とする.

(b) 温 度 一般に,微生物は温度に対してたいへんに敏感である.BOD の除去速度は,10°C から 20°C へ変わると 1.5〜2.5 倍にもなるといわれる.

温度と BOD 除去速度の関係は,水温が 5〜30°C の範囲の場合は次式で示される.

$$K_t = K_{20}\theta^{t-20} \tag{12.24}$$

ここに,K_t は t°C における BOD 除去速度係数〔h^{-1}〕,K_{20} は 20°C における BOD 除去速度係数〔h^{-1}〕,θ は温度係数,t は温度〔°C〕である.

(c) pH 一般に細菌にとって最適なpHは弱アルカリ域で7.0～7.5程度である。これに対し，下水のpHは6.0～8.0の範囲であり，種々の物質が溶解しているため緩衝能も大きく，pHは安定している。また，細菌にも馴致能力があり，一定条件下で馴致すれば若干最適域をはずれたpHであっても十分代謝能力を発揮する力をもっている。

〔11〕**異常現象** 活性汚泥の異常現象には，バルキングや汚泥浮上がある。

バルキングとは汚泥の沈降性が悪化し，SVIの値が非常に大きくなる現象をいう。SVI値がどの程度からバルキングと呼ぶかは定説がないが，目安として200程度を考えればよい。

バルキングは，二つのタイプに分けられる。一つは汚泥中に糸状菌が増殖し，汚泥が沈降しにくくなる糸状性バルキングで，ほかの一つは生物相は正常であるが，汚泥が細分化し，沈降しにくくなるものである。バルキングの原因には流入下水に起因するものと操作条件によるものとがあるが，実際には発生原因を完全につきとめることはなかなか難しい。対策は原因が判明すればその原因を取り除いて回復を待つのが最もよいが，対症療法としてはつぎのものがある。

（1） 汚泥の比重を増加させ，沈降性の回復を図るため，消化汚泥，粘土，火山灰，消石灰などを曝気槽へ投入する。

（2） 凝集剤を曝気槽へ注入し，凝集性を回復させる。

（3） 糸状性バルキングの場合は塩素を注入する。

バルキングが発生すると，返送汚泥濃度が低くなる。そのためそれに応じて汚泥の返送率を変化させてゆかないとMLSS濃度が低下する。その結果BOD-SS負荷が大きくなり，ますますバルキングを増長する結果となる。これをこのまま放置すれば**解体**と呼ぶ汚泥にまったく活性度がなくなる状態にすらなり，こうなってしまうと回復困難となるので，汚泥の性状管理は維持管理上重要課題である。

一方，**汚泥浮上**とは最終沈澱池で汚泥がいったん沈降した後，再び浮上して

しまうことをいう。これは汚泥に気泡が付着し見掛けの比重が小さくなったため で，気泡は脱窒菌により発生した窒素ガスが原因である。また，過度のエアレーションによる気泡の付着や，沈澱池内にたまっている汚泥が腐敗し，嫌気性分解により発生したメタンガスが汚泥を浮上させる場合もある。

対策としては窒素ガスによる場合は硝化を防げばよいわけであるから，曝気槽の滞留時間を減少させるか，送気量を減らすと効果がある。また，嫌気性分解による場合は沈澱池の汚泥引抜きを早めるとよい。

12.3.4 活性汚泥法の各種変法

〔1〕 **ステップエアレーション法**（step aeration process） 図 12.14 に示すように，最初沈澱池からの流出水を曝気槽に導入する際，分割して入れる処理方法である。押出流れを基本とする標準法では，曝気槽前端部に全流入下水が流入するため，F/M が前端部で最も高く，終端部になるに従い低くなる。そのため，それに応じて酸素消費量も前端部が多くなる。これに対し，本法の特徴は，分割流入のために曝気槽内での有機物負荷と酸素消費が均等化することにある。し

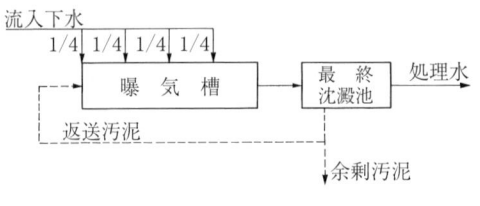

図 12.14 ステップエアレーション法

表 12.3 各種活性汚泥法の操作条件（「下水道施設計画・設計指針と解説（2001 年版）」（日本下水道協会）より抜粋）

処理方式		MLSS〔mg/L〕	BOD-SS 負荷〔kg-BOD/kg-SS/d〕	HRT〔h〕	SRT〔d〕
標準法		1 500～2 000	0.2～0.4	6～8	3～6
ステップエアレーション法		1 000～1 500（最終水路）	0.2～0.4	4～6	3～6
長時間エアレーション法		3 000～4 000	0.05～0.10	16～24	15～30
オキシデーションディッチ法		3 000～4 000	0.03～0.05	24～48	8～50
回分式活性汚泥法	高負荷型	1 500～2 000	0.2～0.4	12～24	—
	低負荷型	3 000～4 000	0.2～0.4	24～48	—
酸素活性汚泥法		3 000～4 000	0.3～0.6	1.5～3	1.5～4

たがって，本法は押出し流れ式と完全混合方式の中間に位置付けられる。さらに，有機物負荷が均一化するだけでなく，前端部の MLSS 濃度が高くなるため，**表 12.3** に示すように標準法と同じ BOD-SS 負荷でも平均的な MLSS 濃度が高くなるため，HRT を短くすることができ，処理効率が向上する。そのため，標準法で計画してもステップエアレーション法に切替えられる構造にしておくと，将来過負荷になったときに対応が可能となる。

〔2〕 **長時間エアレーション法**（extended aeration process）　おもに小規模処理施設に用いられる方法である。HRT を 16～24 時間と極端に長くとることで活性汚泥の自己分解を促し，余剰汚泥の発生を抑え，維持管理面での軽減を図る。理論上は余剰汚泥の発生をまったくなくすことも可能であるが，実際には汚泥中に灰分の蓄積が生じ，活性度が低下するので，数か月に 1 回程度は汚泥の引抜きが必要となる。また，フロックが小さくなり，沈降性が低下するので，沈澱池にゆとりをもって設計する必要がある。通常は最初沈澱池を省略し，直接流入下水を曝気槽に流入させる。曝気槽の HRT を 24 時間とすると，人の生活サイクルと一致するので，負荷変動が吸収できる。曝気槽は全面曝気式が用いられ完全混合方式で運転されるが，押出し流れ式とする場合は槽を複数に分割する。

〔3〕 **オキシデーションディッチ法**（oxidation ditch process）　長時間エアレーション法の一種であり，**図 12.15** に示すような水深 1～3 m 程度の循環型の水路を用い，機械式エアレータで曝気しながら，同時に循環流を生じさせる。通常，最初沈澱池は設けず，曝気槽の HRT は 24～48 時間と長くとる。長い時間をかけて低負荷で運転するため，負荷変動を吸収しながら安定した運転ができ，維持管理面での優位性があるが，反面広大な用地が必要となる。反応時間が長いため，硝化を期待することができ，水路をやや深く設計すると嫌気性分解も期待でき，脱窒も生じる。

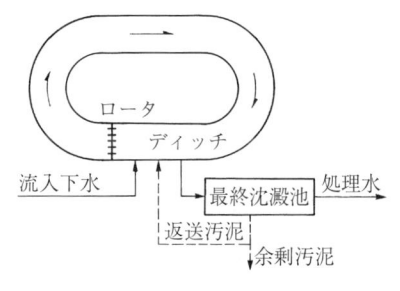

図 12.15 オキシデーションディッチ法

〔4〕 **回分式活性汚泥法**（batch type activated sludge process）　回分式活性汚泥法は，図 12.16 に示すように，一つの槽を用いて曝気と沈澱を行わせる方法である．すなわち，（1）反応槽に下水を導入し，（2）曝気を行う．つぎに（3）曝気終了後，静置して活性汚泥を沈降させ，（4）上澄水を処理水として引き抜く．その後，（5）必要な汚泥を残し，余剰汚泥を引き抜く．高負荷型と低負荷型があるが，流入下水量の変動影響を受けるので，最初沈澱池は省略するが，通常は調整槽を設ける．また，処理水も間欠的に放流されるので放流先に影響がある場合には処理水槽を設置する．

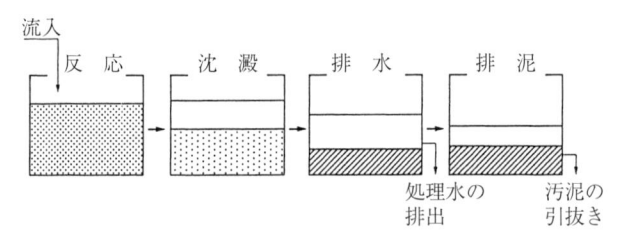

図12.16　回分槽における処理工程（「下水道施設計画・設計指針と解説（2001 年版）」（日本下水道協会）より）

〔5〕 **酸素活性汚泥法**（pure oxygen activated sludge process）　空気の代わりに酸素ガスを用いる方法である．空気では曝気槽への酸素供給能に限界があり，MLSS 濃度をあまり高くとって運転することができない．酸素ガスを用いれば，窒素の分圧に相当する分だけ溶存酸素飽和濃度が高くなり，溶解能を大幅に高くすることが可能となる．これにより，MLSS を高くとっての運転ができるため，BOD-SS 負荷を標準法と同一にしても HRT を短くすることができる．

施設は酸素を効率よく使う必要があるため，図 12.17 に示すように覆蓋をして酸素ガスを散逸しないようにして酸素利用効率を高める．沈澱池は固形物負荷が高くなるため，水面積負荷を小さくとる．

処理に利用する酸素ガスは純酸素ガスである必要はないので，現場で高濃度のガスを製造することのできる吸着分離式酸素発生装置（PSA または VSA）を利用する．しかし，事故に備えて予備機または液体酸素貯留槽を設置する．

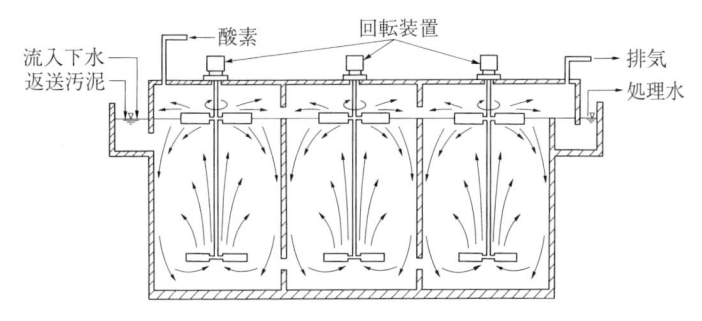

図 12.17 酸 素 法

〔6〕 **その他の変法** 以上の変法のほかに，**コンタクトスタビリゼイション法**（contact stabilization process），**モディファイドエアレーション法**（modified aeration process），**欧州式ハイレート法**（european high-rate process）などが開発されている．また，曝気槽と沈澱池を一体化させ，効率化を狙った**高速エアレーション沈澱池**も実用化されている．

12.3.5 最終沈澱池

最終沈澱池は活性汚泥を沈降分離することを目的として設置されるため，採用される活性汚泥法によって設計条件が異なる．

構造的には最初沈澱池と同様であるが，水面積負荷は $20\sim30\ \mathrm{m^3/m^2/d}$ と最初沈澱池より低い値で設計する．また，越流負荷は $150\ \mathrm{m^3/m/d}$ 以下とする．

12.3.6 固定生物膜法

〔1〕 **処理機構** 担体上に膜状に形成する生物膜中に生育する微生物が処理の主体である．活性汚泥法と異なり，有機物質と酸素の供給が生物膜に接する下水から2次元的にしか供給されない．そのため，**図 12.18** に示すように，下水に接触している生物膜表面は，酸素の供給を受けるため，好気性となるが，担体側は嫌気性になる．そのため，好気性微生物と嫌気性微生物が共存し，両方の代謝が生物膜内で同時に生じる特徴がある．すなわち，膜表面の好気性部分では，下水から摂取した有機物質を代謝し，炭酸ガスと水に分解する．また，同時に硝化菌の働きで窒素化合物が分解される．ここで生じた硝酸や亜硝酸は嫌気性層の呼吸源や栄養塩として利用される．また，嫌気性層で分

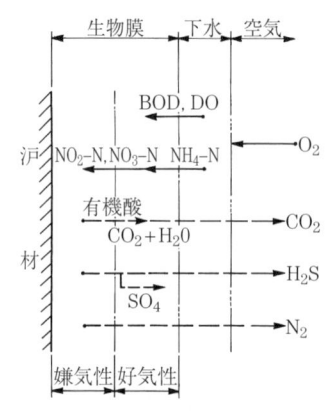

図 12.18 固定生物膜の浄化機構

解された有機物質は有機酸になり，逆に好気性層の基質として利用される．このように生物相が複雑になり，両相の間で物質交換が行われるため，負荷変動に強い処理が可能となる特長がある．しかし，嫌気生分解による臭気発生の欠点もある．生物膜は増殖により厚みを増すと自然にはく離し，処理水中に流出するため，後段に沈澱池が必要となる．はく離は付着力の弱い嫌気性層で生じることが多い．負荷変動，特に低負荷に対して強いという特長があるが，一方では，活性汚泥法とは異なり，生物量をコントロールする手段を持たないので，過負荷などで処理が悪化すると回復に時間がかかる欠点がある．

〔2〕 **散水沪床法** 散水沪床法の開発は活性汚泥法より古く，以前から広く利用されてきた処理方法である．処理機構は砕石などを沪材（担体）に用い，そこに下水を散布することで砕石表面に膜状に生育した微生物により，有機物質を酸化安定化させる処理方法で，標準法と高速法が実用化されている．

散水沪床法の特長は，維持管理費が安く，操作が簡単で，低負荷への負荷変動に強い点にある．反面処理水の透視度が低く，広大な敷地面積が必要な上，臭気や沪床ばえの発生などの欠点を持つため，わが国で現在ではほとんど利用されていない．沪床は図 12.19, 12.20 に示すように1段または2段で構成され，高速法は循環水を用いる．

沪床の形状は円形とし，直径は 45 m 以下である．また，深さは 1.5 m を超えても BOD 除去率がよくならないため，1段沪床では 1.5～2.0 m，2段沪床では 1.0 m 程度とする．

F/M 比は沪材の表面積当りの BOD 負荷で表現できれば一番適切であるが，砕石の表面積を正確に測るのは困難であるため，通常は沪材表面積が沪床体積に比例していると考え，沪床単位体積当りの BOD 負荷で表す．これを

図12.19 1段ろ床のフローシート

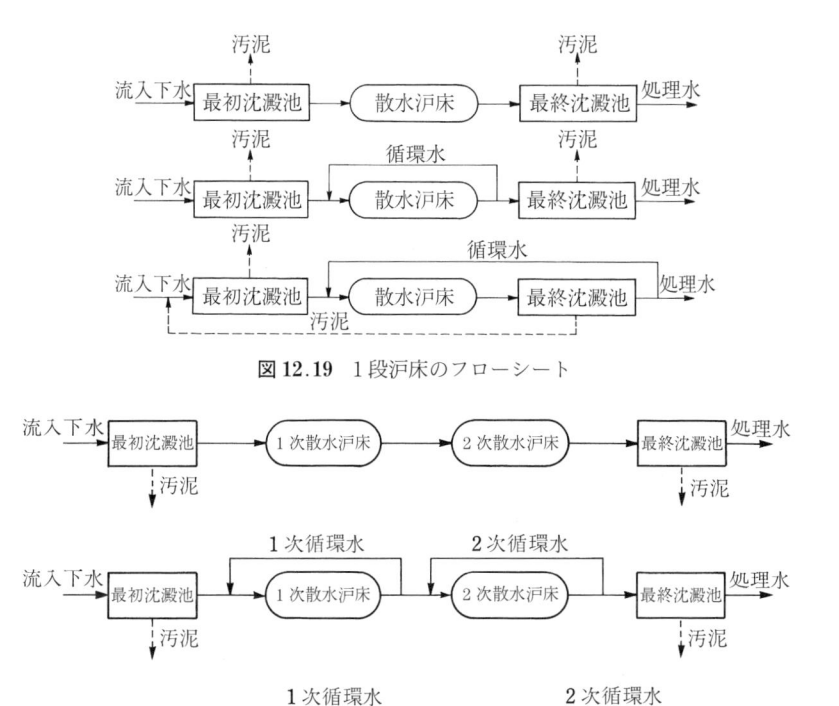

図12.20 2段ろ床のフローシート

BOD負荷(BOD loading rate)といい,kg-BOD/m³/d の単位をもつ。標準法では $0.3\,\mathrm{kg\text{-}BOD/m^3/d}$ であり,高速法では $1.2\,\mathrm{kg\text{-}BOD/m^3/d}$ を上限値とする。

一方,BOD負荷と並んで重要な設計因子に**散水負荷**(hydraulic loading rate)がある。これはろ床単位面積当りの下水の散水量で定義されるが,下水がろ材上を流下する速度や状態に関係する。下水がろ材をフィルム状に包むような流下状態がつくれれば理想的である。

散水負荷は次式によって計算される。

$$I = (1+r)\frac{Q}{A} \tag{12.25}$$

ここに，I〔m³/m²/d〕は散水負荷，rは循環率，Qは流入下水量〔m³/d〕，Aは沪床面積〔m²〕である。

散水負荷は，標準法では1〜3〔m³/m²/d〕で運転されるが，高速法では**表12.4**に示す値で運転される。

沪材の選定はつぎの観点から行われる。

（1） 沪材表面に，生物が付着しやすいこと。

表12.4 流入下水のBODによる散水負荷（「下水道設計指針と解説（昭59）」（日本下水道協会）より）

流入下水のBOD〔mg/L〕	散水負荷〔m³/m²/d〕
120	25
150	20
200	15

（2） 耐久性のあること。

（3） 単位体積当りの表面積（比表面積）が大きいこと。

（4） 空隙率が大きいこと。

初めの2条件は材質に関するものであり，天然材としては石英粗面岩，安山岩，花崗岩などの砕石が，また人工材としてはプラスチックが用いられる。後の2条件を同時に満たすことは難しい。比表面積を大きくするためには，沪材径が小さいほど有利であるが，空隙率を大きくするためには沪材表面にほぼ均一の厚さで生物膜を形成するため，沪材径が大きいほどよいということになる。そのため，砕石を用いる場合は，標準法では25〜50 mm，高速法では50〜60 mm程度の径のものを用いる。また，2段沪床の場合は，1段目はやや大きく，2段目にはやや小さな沪材を用いるのが通例である。

散水方法は，標準法では固定ノズルや間欠散水を用いるが，高速法では回転散水機による連続散水を行うのが原則である。

〔3〕 **好気性沪床法** 好気性沪床法は，3〜5 mm程度の粗砂を沪材として下向流または上向流で下水と接触させ，沪材上に成育した微生物で有機物質を酸化安定化させる処理方法である。散水沪床法と異なり，沪材がつねに下水と接触しているため，好気性を維持するため曝気を行う。また，余分な生物膜は通水性の悪化や沪材の塊化を防ぐため，定期的に空気と処理水を用いて逆流

洗浄を行う。逆洗水は図12.21に示すように流入側に戻し，最初沈澱池で除去する。また，最終沈澱池は設置しない。

沪床厚は2m程度ある。また，沪過速度は25 m/d以下とし，BOD容積負荷は沪床体積当りで計算し，2 kg-BOD/m³/d以下とする。活性汚泥法と比べると返送汚泥を必要とせず，バルキングの発生もないことから，維持管理が容易で，小規模処理施設向きである。

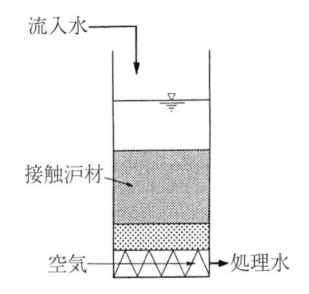

図12.21 好気性沪床の構造（下向流の例）（「下水道施設計画・設計指針と解説（2001年版）」（日本下水道協会）より）

〔4〕 **接触酸化法** 接触酸化法は，活性汚泥法の曝気槽に相当する部分に接触材を入れ，その上に生育する生物膜を用いて有機物質を酸化安定化させる処理方法である。接触材は，比表面積が大きく，十分な空隙が得られるものがよく，プラスチックを原料としてチューブ状，ひも状，網状，平板状，ボール状など，さまざまなものがあるが，形状によっては曝気効果に差があるので，注意が必要である。また，接触材は生物量が確認できるように一部を吊り上げられる構造とするとよい。

維持管理は負荷変動に強く，好気性接触法と同様に容易である。また，活性汚泥法に比べて余剰汚泥の発生量が少ない。

接触酸化槽は有効水深3～5mで，BOD容積負荷は0.3 kg-BOD/m³/dが標準である。

〔5〕 **回転円板法** 回転円板法は，図12.22に示すように，直径1.0～4.0mの円板を2cm間隔程度に配置し，その約半分を下水に浸漬し，円板をゆっくり回転させながら下水を処理する。同法は最近使用実績が急速に伸びているが，開発は古く1926年にすでに研究が始められている。その後，1960年にペーペル（Pöpel），ハートマン（Hartmann）らが試験結果を発表して以来，徐々に小規模施設を中心に採用例が増えてきた。これは円板にプラスチック材が使用できるようになったのがおもな理由で，軽くて丈夫な装置が作られ

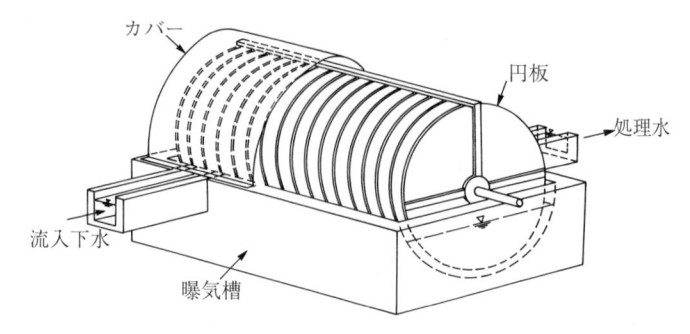

図 12.22　回転円板装置

るようになったためである。

　円板は外周の周速で 10〜20 cm/s になるようにゆっくりと回転させられるが，それにより円板は空気，下水と交互に接触することになる。円板上に付着した微生物は空気中にあるときは酸素を，下水中にあるときは下水中の有機物質を栄養源として摂取し，エネルギー源を得て増殖する。この反応により下水中の有機物は微生物によって酸化安定化され除去される。

　処理は 3〜4 段で行う場合が多く，BOD 負荷は円板表面積が簡単に計算できるため，BOD 面積負荷で考える。都市下水に対しては BOD 面積負荷で，30 g-BOD/m^2/d 以下とするのが望ましい。また，接触時間である滞留時間も BOD 除去率と密接に関係があり，2 時間以上とすることが必要である。生物膜のはく離は膜が厚くなると自然に起こるが，円板間隔が小さすぎると生物膜どうしがつながってしまいはく離ができなくなる。これは有効膜面積の減少ともなり好ましくない。そのため，円板間隔は最低でも 15 mm 以上は必要である。

　回転の浸漬面積は回転軸が下水に浸らないように設置するため，40% 程度である。

　回転速度は酸素供給能や膜のはく離性，タンク内の混合に密接な関係があり，小さすぎると汚泥の沈積が生ずるし，大きすぎれば動力費が増加する。このため，周速で 10〜20 cm/s で運転するが，これは回転数に直すと円板径によって異なるが，1〜4 rpm 程度である。

回転円板法の特徴は運転操作が容易で消費電力も少なく，維持管理性に優れている点にあり，小規模処理施設向きといえる．一方，処理水の透視度は悪く，沪床ばえは発生しないが，ユスリカが発生したりすることがあり，臭気の発生もある．このため，冬期の水温保護も兼ねて必ず覆蓋施設とする．

12.4 高度処理

12.4.1 高度処理の目的

高度処理は，3次処理とほぼ同じ意味で用いられる．下水の2次処理水の水質は，処理方法，下水の水質，維持管理によっても異なるが，活性汚泥標準法で，BOD $10～20$ mg/L，SS $10～30$ mg/L の範囲である．また，窒素，リンの栄養塩除去率はせいぜい 40% 程度であるため，総窒素で $10～20$ mg/L，全リンで $3～5$ mg/L である．このため，放流先の状況によっては水質的な満足が得られず，より高度な処理が求められる場合がある．特に，下水処理水を修景用水や雑用水として再利用する場合には処理を必要とする．

高度処理が必要な場合はおおむねつぎの場合である．

（1） **有機物質，浮遊物質の除去** 放流先公共用水域の環境基準の類型指定が厳しく，かつ希釈効果も期待できない場合や，修景用水，雑用水として再利用をする場合．

（2） **窒素・リンの栄養塩類の除去** 放流先が，湖沼や内海などの閉鎖性水域で栄養塩類に関する環境基準が設定されており，2次処理水の水質では環境基準値が遵守できず，富栄養化や赤潮，淡水赤潮の発生が懸念される場合．

（3） **溶解性塩類の除去** 下水処理水を工業用水に再利用する場合，業種や用途によっては溶解性塩類の除去が必要な場合がある．

12.4.2 有機物質，浮遊物質の除去

物理化学的な処理法としてよく用いられる方法が，マイクロスクリーニング，凝集沈澱，高速沪過，活性炭吸着などであり，その他の処理方法には逆浸透，限外沪過膜または精密沪過膜による膜沪過法などがある．

マイクロスクリーニングは 6.8.2 項で説明したように金属またはプラスチッ

クでできた網を用いて下水を沪過するものである。高速沪過は多層または2層沪過で用いられることが多く，沪過速度は300〜500 m/dとすることが多い。

生物処理法では曝気ラグーン，酸化池，浸漬沪床法などが用いられる。

12.4.3 窒素・リンの除去

〔1〕 窒素除去　　好気性生物処理で活躍する従属栄養細菌は通性嫌気性細菌が主体であるが，これらの菌は水中の溶存酸素がなくなると亜硝酸や硝酸を呼吸源として利用する。この菌を脱窒菌と呼ぶが，呼吸の結果，亜硝酸・硝酸を窒素分子に還元する。この働きを利用して窒素除去を行わせるのが**生物脱窒**(biological denitrification) である。

これを実用化するには，下水中の窒素が硝化されていることが必要である。下水中に含まれる窒素化合物は微生物によって酸化され，有機性窒素の低分子が生じ，無機物のアンモニア，亜硝酸，硝酸へと酸化される。詳細は2章で述べているが，この一連の反応に関与する菌が硝化菌である。硝化菌は独立栄養細菌であり，炭素系有機物質の濃度が高いときはほとんど活動しない。また，増殖速度が遅く高い酸素濃度を必要とすることから，通常の2次処理では硝化は進行しない。そのため，活性汚泥処理などではSRTを長くとり，硝化を進めた上で脱窒を行う必要がある。また，硝化菌は弱アルカリ性に最適領域があるが，反応により生じた亜硝酸や硝酸は酸として働くため，アルカリ度が低い場合はpH調整が必要になることもある。

硝化が進んだ下水を嫌気性に保つと脱窒菌の働きで窒素ガスに還元される。ただし，脱窒菌は従属栄養細菌なので，有機炭素基質が必要となる。通常は，下水中の有機物質か，安価なメタノールを用いる。理論上は1 mgの硝酸性窒素を脱窒するのに2.47 mgのメタノールが必要となる。

脱窒反応は，次式で示される。

$$2NO_2^- + 6H^+ \rightarrow N_2\uparrow + 2H_2O + 2OH^- \qquad (12.26)$$

$$2NO_3^- + 10H^+ \rightarrow N_2\uparrow + 4H_2O + 2OH^- \qquad (12.27)$$

この反応式からわかるように，硝化とは逆に脱窒では pH が上昇する。

硝化・脱窒を活性汚泥法で実現したのが，循環式硝化脱窒法である。この方

法は，図 12.23 に示すように，曝気槽前半部の酸素供給を止め，攪拌のみの嫌気性槽とし，後半部は SRT を十分に取った好気性槽とする。この好気性槽で硝化を行い，硝酸塩を呼吸源として返送し，下水中の有機物質を利用して脱窒を行う。そして，残存した有機炭素は好気性槽で酸化する。この方法は脱窒に必要な水素供与体を下水中の有機物質に依存し，この過程で生じたアルカリ度を後段の硝化に利用するため，調整のための薬剤を必要としない。

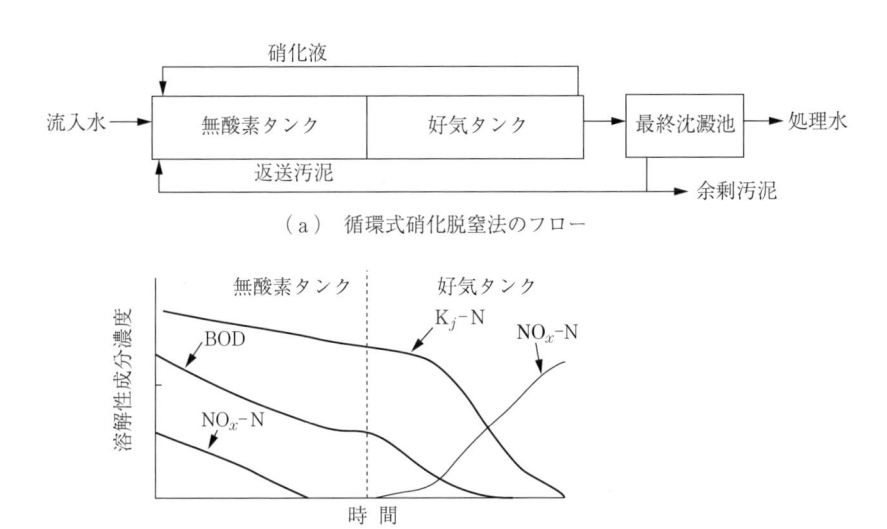

（a）循環式硝化脱窒法のフロー

（b）循環式硝化脱窒法の反応タンクにおける BOD と窒素の挙動

図 12.23 循環方式の生物学的脱窒の原理（「下水道施設計画・設計指針と解説（2001 年版）」（日本下水道協会）より）

そのほかの窒素除去法にはアンモニアストリッピング法，不連続点塩素注入法，ゼオライトによるイオン交換法があるが，いずれもがアンモニアに対してのみ有効な方法である。

〔2〕 **リン除去** リン除去には，生物処理と物理化学的処理がある。生物処理は生物がエネルギー貯蔵物質としてもつ**アデノシン三リン酸**（ATP）を利用するもので，生体内にリンの過剰摂取能力をもつ従属栄養性通性嫌気性菌の働きに依存する。この菌は嫌気性状態に置くと，ATP からオルトリン酸

(PO_4^{3-}) を放出することでエネルギーを得て有機物質を基質として取り込む。このため，反応槽内のリン酸濃度はいったん上昇するが，**図 12.24** に示すように，その後，好気性状態にすると，化学合成で得たエネルギーを利用して再びリン酸を取り込み，ATP を合成する。このとき微生物は放出した以上にオルトリン酸を取り込むため，混合液中のリン酸がほとんど細胞内に取り込まれる。

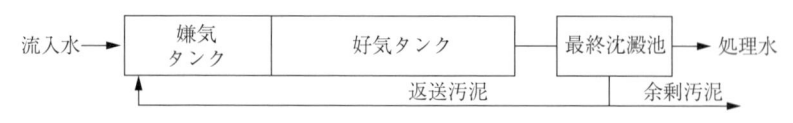

$$ATP \rightleftharpoons ADP + PO_4^{3-} + エネルギー \qquad (12.28)$$

（a） 嫌気-好気活性汚泥法のフロー

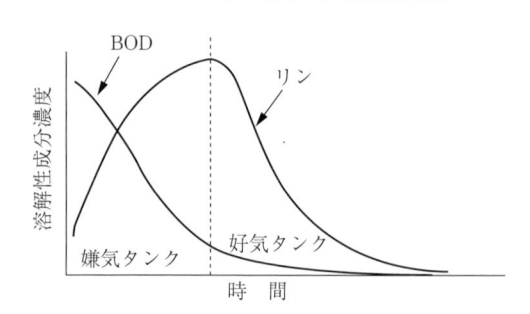

（b） 嫌気-好気活性汚泥法の反応タンクにおける
BODとリンの挙動

図12.24 生物学的リン除去の原理（嫌気-好気条件での混合液リン濃度の変化）
（「下水道施設計画・設計指針と解説（2001 年版）」（日本下水道協会）より）

物理化学的処理は凝集処理が用いられる。これはオルトリン酸が鉄やアルミニウムと錯体を形成し，不溶性の塩となることを利用するもので，利用する凝集剤の種類によって最適 pH 域が異なるが，凝集剤としては硫酸アルミニウム，PAC，塩化鉄，硫酸鉄，消石灰および生石灰などが用いられる。そのほかには，リンを析出させる晶析法がある。

12.5 消毒

処理水中に残存する微生物はほとんどが無害であるが，病原菌が含まれる可能性もあるので放流前に消毒を行う。消毒効果判定の指標菌は大腸菌群を用い，公共用水域に放流する前に3 000個/cm³以下と定められている。消毒剤にはおもに塩素剤が用いられ，塩素ガス，次亜塩素酸ナトリウム，次亜塩素酸カルシウム，塩素化イソシアヌール酸が用いられる。必要な塩素の注入率は**表12.5**に示すとおりである。塩素剤は放流水に残存するため，放流先の生態に影響を及ぼす場合がある。そのため，最近は残存性のないオゾンや紫外線が利用されることがある。オゾンの殺菌力は塩素剤よりもはるかに高いが，塩素に比べて高価である。また，紫外線は100〜380 nmの波長を指すが，不活化に効果を示すのはUV-B，UV-Cと呼ばれる200〜300 nmの波長領域である。これは，DNAやRNAが250〜260 nmと200 nm付近のエネルギーを吸収することを利用するためである。そのため，254 nmの波長を出す低圧水銀ランプがよく利用される。このほか，200〜300 nmに幅広い波長特性を持つ中圧水銀ランプも利用される。紫外線消毒は，他の消毒法と異なり，DNAやRNAに損傷を与える不活化であり，細菌によっては可視光線を利用し，修復酵素を出し，再び活性化することがあるので注意が必要である。

表12.5 塩素の注入率(「下水道施設計画・設計指針と解説（2001年版）」（日本下水道協会）より)

下 水 の 種 類	注入率〔mg/L〕
流 入 下 水	7〜12
最初沈澱池流出水	7〜10
二 次 処 理 水	2〜4

第13章 下水の処分

13.1 下水の処分法

下水の処分先としては，河川，湖沼，海域などの公共用水域と陸地がある。また，処分以外に，下水処理水は都市近郊で安定して排出されるところから，貴重な水源として評価され，工業用水や雑用水などの再利用が行われている。さらに，下水は人の活動を経て排出されるため，水温が高い。そのため，熱源としての利用も検討されている。公共用水域に放流する場合は，**環境基準**が遵守できること，その水域の利用状況を考慮し，最も影響の少ない位置に方法を選択して行う必要がある。

表 13.1 下水道法施行令6条

区　　分 \ 項　目	水素イオン濃度〔pH〕	BOD〔mg/L〕	SS〔mg/L〕	大腸菌群数〔個/mL〕
活性汚泥法，標準散水沪床法，その他これらと同程度に下水を処理することができる方法により下水を処理する場合	5.8以上 8.6以下	20以下	70以下	3 000以下
高速散水沪床法，モディファイドエアレーション法，その他これらと同程度に下水を処理することができる方法により下水を処理する場合	5.8以上 8.6以下	60以下	120以下	3 000以下
沈澱法により下水を処理する場合	5.8以上 8.6以下	120以下	150以下	3 000以下
その他の場合	5.8以上 8.6以下	150以下	200以下	3 000以下

陸地処分は荒地などを利用するもので灌漑法と呼ばれるが，地下水汚染などを起こす恐れがある。広大な用地が必要であり，わが国には実施例がない。

下水の放流水質は下水道法8条に基づく施行令に**表13.1**のように定められている。下水の再利用は，水洗便所用水，工業用水，農業用水，修景用水などがあるが，計画する場合は用途と需要量，要求される水質を明確にする必要がある。また，熱利用は下水のもつ水量と水温の安定性を利用するもので，ヒートポンプを用いた冷暖房や融雪用水への利用が考えられる。

13.2 公共用水域の環境基準

環境基本法16条に基づき，公共用水域には環境基準が定められている。環

表 13.2 人の健康の保護に関する環境基準

項　目	基　準　値
カドミウム	0.01 mg/L 以下
全シアン	検出されないこと
鉛	0.01 mg/L 以下
六価クロム	0.05 mg/L 以下
砒素	0.01 mg/L 以下
総水銀	0.0005 mg/L 以下
アルキル水銀	検出されないこと
PCB	検出されないこと
ジクロロメタン	0.02 mg/L 以下
四塩化炭素	0.002 mg/L 以下
1,2-ジクロロエタン	0.004 mg/L 以下
1,1-ジクロロエチレン	0.02 mg/L 以下
シス-1,2-ジクロロエチレン	0.04 mg/L 以下
1,1,1-トリクロロエタン	1 mg/L 以下
1,1,2-トリクロロエタン	0.006 mg/L 以下
トリクロロエチレン	0.03 mg/L 以下
テトラクロロエチレン	0.01 mg/L 以下
1,3-ジクロロプロペン	0.002 mg/L 以下
チウラム	0.006 mg/L 以下
シマジン	0.003 mg/L 以下
チオベンカルブ	0.02 mg/L 以下
ベンゼン	0.01 mg/L 以下
セレン	0.01 mg/L 以下
硝酸性および亜硝酸性窒素	10 mg/L 以下
フッ素	0.8 mg/L 以下
ホウ素	1 mg/L 以下

表 13.3 生活環境にかかわる環境基準（河川）

項目 類型	利用目的の適応性	基準値				
		pH	BOD	SS	DO	大腸菌群数
AA	水道1級 自然環境保全およびA以下の欄に掲げるもの	6.5以上 8.5以下	1 mg/L 以下	25 mg/L 以下	7.5 mg/L 以上	50 MPN /100 mL 以下
A	水道2級 水産1級 水浴およびB以下の欄に掲げるもの	6.5以上 8.5以下	2 mg/L 以下	25 mg/L 以下	7.5 mg/L 以上	1 000 MPN /100 mL 以下
B	水道3級 水産2級 およびC以下の欄に掲げるもの	6.5以上 8.5以下	3 mg/L 以下	25 mg/L 以下	5 mg/L 以上	5 000 MPN /100 mL 以下
C	水産3級 工業用水1級 およびD以下の欄に掲げるもの	6.5以上 8.5以下	5 mg/L 以下	50 mg/L 以下	5 mg/L 以上	
D	工業用水2級 農業用水 およびEの欄に掲げるもの	6.0以上 8.5以下	8 mg/L 以下	100 mg/L 以下	2 mg/L 以上	
E	工業用水3級 環境保全	6.0以上 8.5以下	10 mg/L 以下	ごみ等の浮遊が認められないこと	2 mg/L 以上	

備考 1. 基準値は，日間平均値とする（湖沼，海域もこれに準ずる）。
　　 2. 農業用利水点については，水素イオン濃度6.0以上7.5以下，溶存酸素量5 mg/L以上する（湖沼もこれに準ずる）。

注) 1. 自然環境保全：自然探勝等の環境保全
　　2. 水　道　1 級：沪過等による簡易な浄水操作を行うもの
　　　　〃　　 2 級：沈澱沪過等による通常の浄水操作を行うもの
　　　　〃　　 3 級：前処理等を伴う高度の浄水操作を行うもの
　　3. 水　産　1 級：ヤマメ，イワナ等貧腐水性水域の水産生物用ならびに水産2級および水産3級の水産生物用
　　　　〃　　 2 級：サケ科魚類およびアユ等貧腐水性水域の水産生物用および水産3級の水産生物用
　　　　〃　　 3 級：コイ，フナ等，β-中腐水性水域の水産生物用
　　4. 工業用水 1 級：沈澱等による通常の浄水操作を行うもの
　　　　〃　　 2 級：薬品注入等による高度の浄水操作を行うもの
　　　　〃　　 3 級：特殊の浄水操作を行うもの
　　5. 環 境 保 全：国民の日常生活（沿岸の遊歩等を含む）において不快感を生じない限度

境基準は三つの観点から定められている。一つは「人の健康の保護に関する環境基準」で、水道法に基づく水道水質基準をベースに「環境基準健康項目」(**表13.2**) と「要監視項目及び指針値」が定められている。2番目は「生活環境の保全に関する環境基準」で、河川、湖沼、海域ごとに分け、それぞれの水

表13.4 生活環境にかかわる環境基準（湖沼）

項目類型	利用目的の適応性	基準値				
		pH	COD	SS	DO	大腸菌群数
AA	水道1級 水産1級 自然環境保全およびA以下の欄に掲げるもの	6.5以上 8.5以下	1 mg/L 以下	1 mg/L 以下	7.5 mg/L 以上	50 MPN /100 mL 以下
A	水道2,3級 水産2級 水浴 およびB以下の欄に掲げるもの	6.5以上 8.5以下	3 mg/L 以下	5 mg/L 以下	7.5 mg/L 以上	1 000 MPN /100 mL 以下
B	水産3級 工業用水1級 農業用水 およびCの欄に掲げるもの	6.5以上 8.5以下	5 mg/L 以下	15 mg/L 以下	5 mg/L 以上	
C	工業用水2級 環境保全	6.0以上 8.5以下	8 mg/L 以下	ごみ等の浮遊が認められないこと	2 mg/L 以上	

備考 水産1級，水産2級および水産3級については，当分の間，浮遊物質量の項目の基準値は適用しない。

注) 1. 自然環境保全：自然探勝等の環境の保全
 2. 水道1級：沪過等による簡易な浄水操作を行うもの
   〃 2,3級：沈澱沪過等による通常の浄水操作，または，前処理等を伴う高度の浄水操作を行うもの
 3. 水産1級：ヒメマス等貧栄養湖型の水域の水産生物用ならびに水産2級および水産3級の水産生物用
   〃 2級：サケ科魚類およびアユ等貧栄養湖型の水域の水産生物用ならびに水産3級の水産生物用
   〃 3級：コイ，フナ等富栄養湖型の水域の水産生物用
 4. 工業用水1級：沈澱等による通常の浄水操作を行うもの
   〃 2級：薬品等注入等による高度の浄水操作，または，特殊な浄水操作を行うもの
 5. 環境保全：国民の日常生活（沿岸の遊歩等を含む）において不快感を生じない限度

域の利水状況に応じておもに有機物質を対象に**類型指定**が行われている（**表 13.3〜13.5**）。3番目は，閉鎖性水域の富栄養化防止を目的とし，湖沼と海域に栄養塩である窒素，リンの濃度について類型指定で基準値を定めている（**表 13.6，表 13.7**）。

表 13.5　生活環境にかかわる環境基準（海域）

項目 類型	利用目的の適応性	基　　準　　値					
		pH	COD	DO	大腸菌群数	n-ヘキサン抽出物質（油分等）
A	水道1級 水浴 およびB以下の欄に掲げるもの	7.8以上 8.3以下	2 mg/L 以下	7.5 mg/L 以上	1 000 MPN /100 mL 以下	検出されないこと
B	水産2級 工業用水 およびCの欄に掲げるもの	7.8以上 8.3以下	3 mg/L 以下	5 mg/L 以上	—	検出されないこと
C	環境保全	7.0以上 8.3以下	8 mg/L 以下	2 mg/L 以上	—	—

備考　1.　水産1級のうち，生食用原料カキの養殖の利水点については，大腸菌群数 70 MPN/100 mL 以下とする。
　　　2.　（省略）
注）　1.　水産1級：マダイ，ブリ，ワカメ等の水産生物用および水産2級の水産生物用
　　　　〃　2級：ボラ，ノリ等の水産生物用
　　　2.　環境保全：国民の日常生活（沿岸の遊歩等を含む）において不快感を生じない限度

13.2 公共用水域の環境基準

表 13.6 湖沼の窒素およびリンにかかわる環境基準

項目 類型	利用目的の適応性	基準値 全窒素	基準値 全リン
I	自然環境保全およびII以下の欄に掲げるもの	0.1 mg/L 以下	0.005 mg/L 以下
II	水道1, 2, 3級（特殊なものを除く） 水産1種 水浴およびIII以下の欄に掲げるもの	0.2 mg/L 以下	0.01 mg/L 以下
III	水道3級（特殊なもの）およびIV以下の欄に掲げるもの	0.4 mg/L 以下	0.03 mg/L 以下
IV	水産2種およびVの欄に掲げるもの	0.6 mg/L 以下	0.05 mg/L 以下
V	水産3種 工業用水 農業用水 環境保全	1 mg/L 以下	0.1 mg/L 以下

備考 1. 基準値は，年間平均値とする。
　　 2. 農業用水については，全リンの項目の基準値は適用しない。
注) 1. 自然環境保全：自然探勝等の環境保全
　　 2. 水道 1 級：沪過等による簡易な浄水操作を行うもの
　　　　水道 2 級：沈澱沪過等による通常の浄水操作を行うもの
　　　　水道 3 級：前処理等を伴う高度の浄水操作を行うもの（「特殊なもの」とは，臭気物質の除去が可能な特殊な浄水操作を行うものをいう）
　　 3. 水産 1 種：サケ科魚類およびアユ等の水産生物用ならびに水産2種および水産3種の水産生物用
　　　　水産 2 種：ワカサギ等の水産生物用および水産3種の水産生物用
　　　　水産 3 種：コイ，フナ等の水産生物用
　　 4. 環境保全：国民の日常生活（沿岸の遊歩等を含む）において不快感を生じない限度

表 13.7 海域の窒素およびリンにかかわる環境基準

項目類型	利用目的の適応性	基準値 全窒素	基準値 全リン
I	自然環境保全およびII以下の欄に掲げるもの（水産2種および3種を除く）	0.2 mg/L 以下	0.02 mg/L 以下
II	水産1種 水浴およびIII以下の欄に掲げるもの （水産2種および3種を除く）	0.3 mg/L 以下	0.03 mg/L 以下
III	水産2種およびIVの欄に掲げるもの （水産3種を除く）	0.6 mg/L 以下	0.05 mg/L 以下
IV	水産3種 工業用水 生物生育環境保全	1 mg/L 以下	0.09 mg/L 以下

備考 1. 基準値は，年間平均値とする。
　　 2. 水域類型の指定は，海洋植物プランクトンの著しい増殖を生じる恐れのある海域について行うものとする。
注） 1. 自然環境保全：自然探勝等の環境保全
　　 2. 水産1種：底生魚介類を含め多様な水産生物がバランスよく，かつ，安定して漁獲される
　　　　 水産2種：一部の底生魚介類を除き，魚類を中心とした水産生物が多獲される
　　　　 水産3種：汚濁に強い特定の水産生物がおもに漁獲される
　　 3. 生物生育環境保全：年間を通して底生生物が生息できる限度

第14章

汚 泥 処 理

14.1 概　　　説

　下水処理は処理を高度化すればするほど汚泥の発生量が増え，この汚泥を無害化して初めて下水処理は完結する。

　下水処理工程で発生する汚泥は発生源別に最初沈澱池から発生するもの，2次処理から発生するもの，高度処理から発生するものに分けられる。

　1次処理である最初沈澱池で発生する汚泥は，2次処理汚泥に比べ有機物質が少なく，粒径の大きなものが多く含まれている。また，高度処理プロセスから発生する汚泥は，処理プロセスによりそれぞれ違いがある。

　汚泥処理の目的は，衛生学的無害化と減量である。衛生学的無害化とは，一つは病原菌に対してであり，ほかは毒性物質に対してである。汚泥中には下水中の有害物質がすべて濃縮されていると考えてよく，重金属類もそのほとんどが汚泥中に濃縮されている。そのため，工場排水を含む下水を処理する場合は汚泥の処理・処分に十分注意する必要がある。

　汚泥は，いままでは最終処分の多くを**埋立て** (landfilling) に依存してきた。しかし，大都市を中心に埋立地の確保が困難になりつつあり，汚泥を資源として再利用することが安定した処分を行うためにも重要な課題となってきた。資源利用は緑農地の土壌改良材や建設用資材がおもなものであるが，汚泥処理方法の選択は最終処分方法により定まるので，まず安定した処分方法の選定が重要課題となる。例えば，緑農地への利用は需要の量と時期を正確に見積

もり，コンポストなどの処理方法を選択する必要があるし，建設資材に利用する場合は焼却が前提となる．さらに，汚泥消化により発生するメタンガスの有効利用や，汚泥の燃料化，焼却熱の利用なども資源化に結びつく．

また，事業体内に複数の処理施設がある場合は集約処理を行ったほうが，効率的で資源価値が高まる場合が多いので，検討に値する．

汚泥処理システムのフローシートを**図 14.1**に示すが，どのような処分方法を選択するにしてもまず減量が必要である．減量は第1に含水率を下げることで達成される．例えば，含水率99%の汚泥を98%に濃縮すると，容量は半分になる．第2は汚泥固形分の80%を占める有機物質のガス化である．消化や焼却がこれに相当するが，同時に殺菌にもつながり，たいへんに有効な手段である．

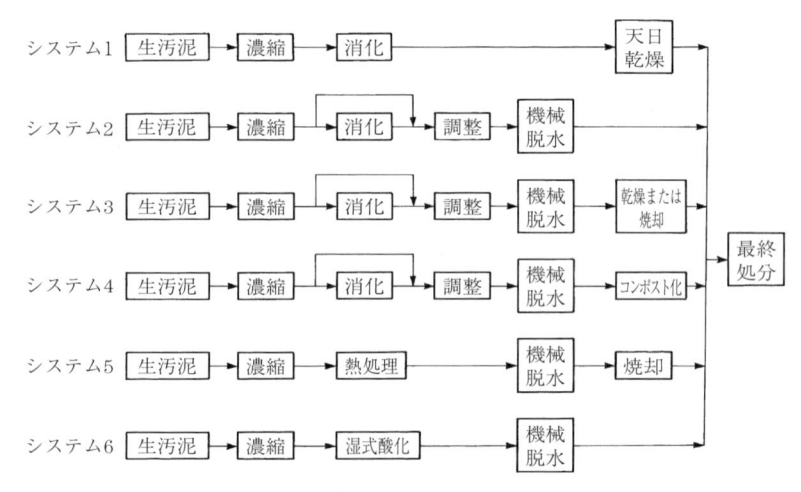

図 14.1 汚泥処理システムのフローシート

表 14.1 発生汚泥の含水率

	含水率〔%〕
最初沈澱池汚泥	96〜98
余剰汚泥	99〜99.5
混合汚泥	96〜97
散水沪床汚泥	96〜98

汚泥の発生量は流入下水の浮遊物質量に等しいかそれ以下であり，発生汚泥の含水率は**表 14.1**程度である．

システム1は，最も経済的なシステムであるが，天日乾燥はかなりの広大な用地を

必要とする上，臭気発生の問題があり，周辺条件の制約を受ける。システム2は濃縮汚泥を消化後かまたは直接脱水して処分する方法で，埋立て処分の多くはこの方法で処理される。病原菌に対する安全確保とシステムの柔軟性確保の観点から，消化プロセスを導入するほうがよい。この場合は緑農地への利用も可能である。

　システム3,4は，システム2に乾燥やコンポスト化工程を加えたもので，肥料としての利用が期待できる。システム5は，脱水汚泥を焼却または溶融し，灰やスラグを建設用資材として利用するか埋立て処分を行うが，埋立てる場合でも大幅な減量が期待でき，処分場の寿命を延ばすことができる。しかし，焼却ガスには重金属や窒素酸化物，硫黄酸化物が含まれる上，焼却温度によってはダイオキシンの発生もあるところから，周辺環境への影響を考慮し，慎重に選択する必要がある。

　このほか，脱水性を向上させる手段として熱処理や湿式酸化があるが，臭気の問題や脱離液の有機物質濃度が高く，流入下水に返送すると下水処理への負荷が過大になるため，現在ではほとんど利用されない。また，オゾン酸化を利用して汚泥の減量を図る方法もある。これは，有機性固形物をオゾンの酸化力で可溶化し，固形物の減量を実現する方法で，可溶化した有機物質は流入下水とともに処理をする。熱処理とは異なり，臭気の発生はなく，可溶化した有機物質は生物易分解性であるため，下水処理に対する負荷もそれほど大きくない。しかし，運転コストが高くなる欠点がある。

14.2　濃　　　　　縮

　濃縮（thickening）は，浄水汚泥同様，重力濃縮が最も一般的である。原理・構造は浄水汚泥と同様なので省略するが，下水汚泥に対しての設計諸数値は固形物負荷 60～90 kg-SS/m^2/d，有効水深 4.0 m 程度を標準としている。また，重力濃縮によって得られる濃縮汚泥は有機物質の含有率が高いほど含水率も高くなる傾向にあるが，ほぼ 96～98% の含水率である。

　重力濃縮法のほかに図 14.2 に示す浮上濃縮がある。これは汚泥粒子に細か

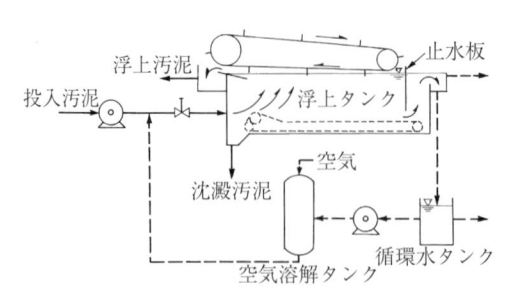

図14.2 加圧浮上式汚泥濃縮法（循環水加圧法）

な気泡を付着させ，それを浮上させて分離する方法である。気泡の付着法は溶解空気法，分散空気法，電解法，マイクロフローテーション法があり，溶解空気法には加圧法と減圧法がある。

浮上タンクの設計諸数値は固形物負荷 80～150 kg-SS/m²/d，滞留時間は2時間以上である。

14.3 消　　　化

汚泥消化（sludge digestion）とは微生物の働きを利用して汚泥中の有機物質を安定化することであり，嫌気性状態で行うものを嫌気性消化，好気性状態で行うものを好気性消化という。

14.3.1 嫌気性消化

〔1〕 **嫌気性消化の原理**　　嫌気性消化（anaerobic digestion）とは嫌気性微生物により，汚泥中の有機物質を分解することであるが，この反応は 12.1 節でも述べたように2段階反応である。第1段階は液化反応で pH が5～6程度まで低下する酸性発酵期と，再び pH が上昇し，7近くまでいく酸性減退期とからなる。

酸性発酵期は通性嫌気性菌である液化菌の働きにより，有機物質が溶解性の有機酸やアルコールに分解される過程で，**酸性減退期**では揮発性有機酸に加水分解される。

この反応が進行するとガス発生が著しくなり，pH が 7.0～7.4 に上昇するようになる。これが**アルカリ発酵期**と呼ばれる第2段階目の反応で，絶対嫌気性菌であるメタン生成菌の働きで，有機酸がメタン，炭酸ガス，アンモニアなどに分解される。

回分式消化では2段階の反応が順次進行するが，連続式では2段階の反応が

同時に進行する．その場合，分解速度はメタン生成菌より，液化菌のほうが大きいため，嫌気性消化の律速因子はメタン生成菌の分解速度となる．

基質の分解過程を略記すると以下のようである．

(a) **炭水化物の分解** 炭水化物には単糖類のように簡単に分解されるものから，多糖類，セルロースのように分解されにくいものもあるが，反応をモデル化するとつぎのとおりである．

第1段階：$(C_6H_{10}O_5)_x + xH_2O \rightarrow x(C_6H_{12}O_6)$

$C_6H_{12}O_6 \rightarrow 2\,C_2H_5OH + 2\,CO_2$

第2段階：$2\,C_2H_5OH + CO_2 \rightarrow 2\,CH_3COOH + CH_4$

$CH_3COOH \rightarrow CH_4 + CO_2$

(b) **脂肪の分解** 脂肪は加水分解されて高級脂肪酸とグリセリンになる．グリセリンはさらに有機酸とアルコールに分解される．また，高級脂肪酸は，α-酸化またはβ-酸化で，最終的にはメタンと炭酸ガスに分解される．

α-酸化：$4\,R\cdot CH_2COOH + 2\,HOH \rightarrow 4\,R\cdot COOH + CO_2 + 3\,CH_4$

β-酸化：$2\,R\cdot CH_2CH_2COOH + CO_2 + 2\,HOH \rightarrow 2\,R\cdot COOH +$
$2\,CH_3COOH + CH_4$

$CH_3COOH \rightarrow CH_4 + CO_2$

(c) **タンパク質の分解** タンパク質は第1段階で数段階を経てアミノ酸，炭酸ガス，アンモニアに分解されるが，このときメルカプタン，硫化水素などの有臭ガスを発生する．

第2段階ではアミノ酸がメタン，炭酸ガス，アンモニアに分解される．

$$\begin{array}{c} H \\ | \\ R-C-COOH \\ | \\ NH_2 \end{array} \xrightarrow[\text{脱アミノ化}]{HOH} \begin{array}{c} H \\ | \\ R-C-COOH \\ | \\ OH \end{array} + NH_3$$

$$\begin{array}{c} H \\ | \\ R-C-COOH \\ | \\ OH \end{array} \xrightarrow[\text{脱炭酸}]{} \begin{array}{c} H \\ | \\ R-C-H \\ | \\ OH \end{array} + CO_2$$

$$2\,R \cdot CH_2OH + CO_2 \rightarrow 2\,R \cdot COOH + CH_4$$

$$R \cdot COOH \rightarrow CH_4 + CO_2$$

〔2〕 設計諸因子

（a） **温度と反応時間**　消化は微生物の働きによるものであるから，温度に対し，きわめて敏感である。一般に細菌の増殖可能温度は**表14.2**のように3種に分けられる。また嫌気性消化でガス発生量が90％に達するまでの温度と消化日数の関係は**図14.3**のようになる。すなわち，高温菌と中温菌の境は42℃程度にあり，中温菌と低温菌の活動の境は判然としない。高温菌を利用する高温消化は50～55℃に最適温度域があり，消化に必要な日数は15日程度，また中温消化では30～35℃に最適温度域があり，消化日数は25～30日程度といえる。

下水汚泥の消化はほとんど中温消化で行われており，消化によって得られるガスを加温熱源として30～35℃，25～30日消化が行われている。

表14.2　嫌気性微生物の活動温度範囲

	増殖可能温度〔℃〕	最適温度範囲〔℃〕
高温菌	45～75	50～55
中温菌	10～45	30～35
低温菌	−4～30	15～20

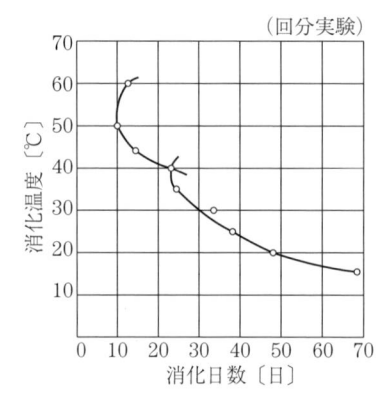

図14.3　消化日数と消化温度との関係
（「下水道施設計画・設計指針と解説（2001年版）」（日本下水道協会）より）

（b） **消化方式**　消化方式は1段または2段で行われるが，できれば反応タンクと固液分離タンクを別々にとる2段消化が望ましい。すなわち，1次タンクでは必要な温度まで加温すると同時に，攪拌を行い有機物質と微生物の接触機会を高める。つぎに2次タンクは静止状態とし，脱離液の分離を図る。この場合，滞留日数は30℃，30日消化の条件であれば，1次タンク20日間，2次タンク10日程度とすれば十分である。

（c） **消化率とガス発生量**　消化率は生汚泥中の有機物質の含有割合で異なるが，おおむね40～60％程度である。また，消化菌に対する栄養バランス

は，炭素と窒素の比 C/N で，12～16 が最適であるとされているが，下水汚泥はこの値が最初沈澱池で約 10，余剰汚泥で 5 程度であり，加重平均値は 7.2 付近である。

　ガス発生量は，中温消化では有機物質の単位質量当り 500～600 NL/kg で，投入生汚泥量の 10 倍程度である。ガス組成は**表 14.3** に示すが，発熱量は低位発熱量で，21 000～23 000 kJ/Nm^3 程度である。なお，約 3～15 倍の空気混入があると爆発の危険があるので，消化タンクはつねに 1 000～3 000 Pa 以上の圧を保ち，負圧が生じないように注意が必要である。

表 14.3 消化ガスの成分（「下水道施設計画・設計指針と解説（2001 年版）」（日本下水道協会）より）〔v/v%〕

メタン	二酸化炭素	水素	窒素	硫化水素
60～65	33～35	0～2	0～3	0.02～0.08

（d）　タンク形状と攪拌方式　　タンク形状は攪拌効率がよく，放熱量が少なく，ガス圧に対して安全な構造のものがよい。実際には**図 14.4** に示すように円筒形のものが用いられる。また，放熱量を少なくするためには，なるべく 1 個当りの容積の大きいものを使うほうが有利である。

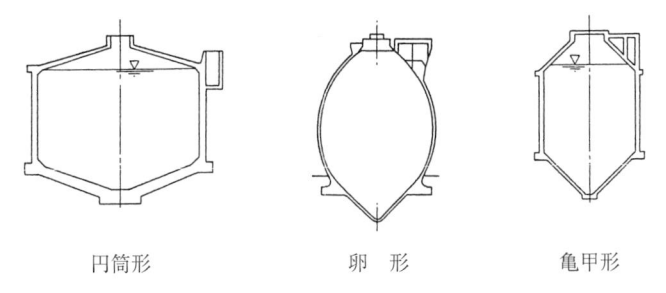

円筒形　　　　　卵形　　　　　亀甲形

図 14.4　汚泥消化タンクの形状の例（「下水道施設計画・設計指針と解説（2001 年版）」（日本下水道協会）より）

　攪拌は汚泥の均一混合と温度差をなくす目的で行われるが，攪拌方式としてはガス攪拌，機械攪拌がある。**図 14.5** はガス攪拌方式を示したものであるが，下水汚泥程度の固形物濃度ではガス攪拌で十分であり，機械攪拌はあまり用いられていない。また，2 次タンクでは通常，攪拌は必要としないが，表面に浮

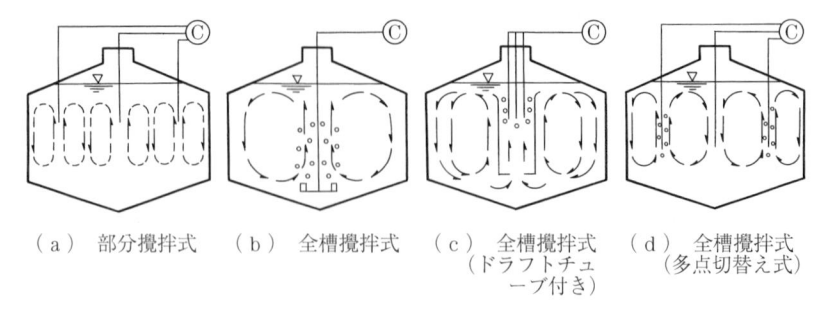

(a) 部分攪拌式　　(b) 全槽攪拌式　　(c) 全槽攪拌式　　(d) 全槽攪拌式
　　　　　　　　　　　　　　　　　　　　（ドラフトチュ　　　（多点切替え式）
　　　　　　　　　　　　　　　　　　　　ーブ付き）

図 14.5 ガス攪拌の方法

上するスカム防止や，1次タンクが故障のときの代替に利用するなどの目的で2次タンクにも1次タンクと同じ攪拌装置を設けておくとよい．

14.3.2　好気性消化

好気性消化（aerobic digestion）とは活性汚泥法の長時間曝気法の変形であり，好気性微生物を内生呼吸の状態で自己分解させ消化する方法である．

本法の特徴は嫌気性消化に比べ消化に必要な日数が少なくてすむこと，分解生成物が炭酸ガスと水のため安全であり臭気発生がないことである．

内性呼吸期における有機物質の分解速度は1次反応で示される．

$$\frac{dS}{dt} = -K_3 S \tag{14.1}$$

ここに，S は有機物質濃度〔mg/L〕，K_3 は自己酸化速度定数〔d^{-1}〕である．K_3 の値は投入汚泥の固形物負荷によって異なり，負荷が大きくなるにつれて K_3 は小さくなる．一般には 4 000～24 000 kg-VSS/m³/d の固形物負荷で，$K_3 = 0.3～0.7\ d^{-1}$ 程度である．また，消化日数は 10～15 日程度が実用的であり，そのときの有機物質の分解率は 50～60％ 程度である．

14.4　脱　　　　水

下水処理で発生する汚泥は，濃縮汚泥，消化汚泥とも含水率が 96～98％ の範囲であり，埋立て，乾燥，焼却に対しハンドリングが困難であるため，**脱水**（dehydration）が必要となる．一般に含水率が 80％ 以下に脱水すれば汚泥は

ケーキ状態になり，取扱いが容易になる上，容積も 1/5～1/10 程度に減少する。脱水方法には沪過式と遠心分離式があり，前者には真空沪過機，加圧沪過機，ベルトプレス，スクリュープレス，多重円板型沪過機などが用いられ，後者には遠心脱水機が用いられる。

14.4.1 沪過理論

汚泥の抵抗を汚泥粒子内の間隙流とし，沪液量と沪過時間の関係を求めると，非圧縮性の汚泥について次式となる。

$$\frac{dQ_v}{dt} = \frac{\Delta PA}{\mu R} \tag{14.2}$$

ここに，Q_v は単位沪過面積当りの沪液量〔m³/m²〕，ΔP は沪過差圧〔kPa〕，A は沪過面積〔m²〕，μ は沪液の粘度〔kg/m/s〕，R は沪過抵抗〔s²〕である。

沪過抵抗 R は汚泥と沪布の抵抗の和であることから，汚泥ケーキ単位固形物質量当りの平均沪過抵抗を r〔s²/kg〕，沪液単位量当りのケーキの乾燥質量を w〔kg/m³〕とすると，沪布単位面積当りのケーキの乾燥質量が wQ_v/A で示されることから，汚泥ケーキの沪過抵抗は rwQ_v/A となり，式 (14.2) は次式に変形できる。

$$\frac{dQ_v}{dt} = \frac{\Delta PA}{\mu\left(r\dfrac{wQ_v}{A} + R_f\right)} \tag{14.3}$$

ここに，R_f は沪布の比抵抗〔s²〕である。

沪過圧を一定とすれば，式 (14.3) を積分して次式が得られる。

$$\frac{t}{Q_v} = \frac{1}{2} \cdot \frac{\mu rw}{A^2 \Delta P} Q_v + \frac{\mu R_f}{A \Delta P} \tag{14.4}$$

式 (14.4) から，非抵抗 r が沪過継続時間に無関係に一定と仮定できれば，(t/Q_v) と Q_v が直線関係となることから，実験により r を求めることができる。

しかし，下水汚泥のように圧密性の高い汚泥の場合は，r は一定とはならず沪過進行に伴い変化する。

カルマン・ルイス (Carman, Lewis) は，実験で r と ΔP の関係を次式で

示した。

$$r = r_0 \Delta P^s \tag{14.5}$$

ここに，r_0 は定数，s は汚泥ケーキの圧縮係数（$0 \leq s \leq 1$）である。

s は砂のように非圧密性の場合は $s=0$ となるが，下水汚泥の場合は，$s=0.4 \sim 1$ となる。

14.4.2 汚泥調整

下水汚泥は直接機械脱水することは困難であり，方法に応じて事前に脱水性を向上させるため，調整をしておく必要がある（**図 14.6**）。

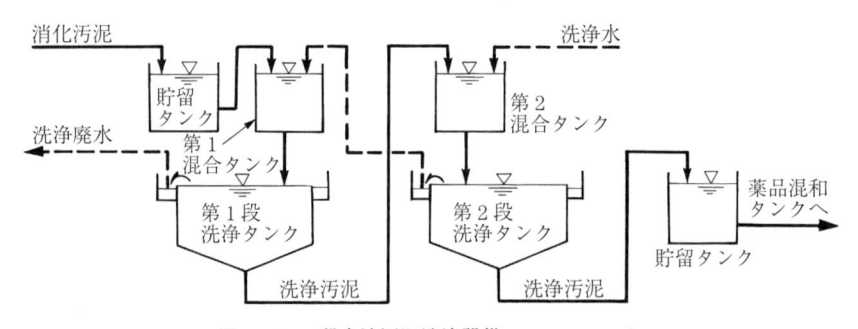

図 14.6 2段向流汚泥洗浄設備のフローシート

汚泥調整は，混合，洗浄，薬品注入とからなり，最近は利用されないが，熱処理もこの一方法である。混合は最初沈澱池汚泥と余剰汚泥のように性状の違う2種類以上の汚泥を均一にする目的で行われる。洗浄は消化汚泥に対して行うが，これは微粒子を減少させ，消化プロセスで生じたアルカリ度を低下させることが主目的である。その理由はアルカリ度が凝集剤と反応し，添加する凝集剤を無駄に消費するためで，処理水を用いてアルカリ度を $400 \sim 600$ mg/L 以下にする。ただ凝集剤に有機凝集剤を用いる場合は省略することができる。

薬品注入は，凝集剤を用いて汚泥粒子をフロック化させ脱水性向上を図るもので，有機または無機凝集剤が用いられる。使用する凝集剤は脱水機の機種により決まり，真空沪過機や加圧沪過機には無機凝集剤が，遠心脱水機やベルトプレス脱水機には有機高分子凝集剤が用いられる。無機凝集剤はポリ硫酸第二鉄 $[Fe_3(OH)_n(SO_4)_m]$ や塩化第一鉄 $[FeCl_3 \cdot 6H_2O]$ が，有機凝集剤はカ

チオン系高分子凝集剤が使用されることが多い。

14.4.3 沪過機

〔1〕 **真空沪過機** 真空沪過機にはドラム式とベルト式がある。

ドラム式はドラム内がいくつもの小室に区切られ，それを汚泥中に浸漬し，ドラム内を 300〜600 mmHg 程度の真空状態としてゆっくり回転させながら，ドラム内へ水分を吸収する方式である。

一方，ベルト式は原理はドラム式と同じであるが，沪布をドラムからいったん離し，ローラー部でケーキをはく離してから再びドラムへ戻す方式で，現在ではほとんどこの方式が用いられている。

脱水ケーキの含水率はおおよそ 65〜75% 程度である。

〔2〕 **加圧沪過機** 加圧沪過機は図 14.7 に示すように汚泥を沪過室内で加圧脱水するもので，原理は真空沪過と同様である。しかし，真空沪過法に比べて圧力差が大きくとれるので，脱水後のケーキの含水率は低く，55〜70% 程度である。

〔3〕 **ベルトプレス沪過機** ベルトプレスは 2 段の沪布を組み合わせ，ロールの組合せにより汚泥を間にはさみ，徐々に加圧しながら脱水するものである（図 14.8）。凝集剤には通常高分子凝集剤が用いられ，脱水ケーキの含水率は 75〜80% 程度である。

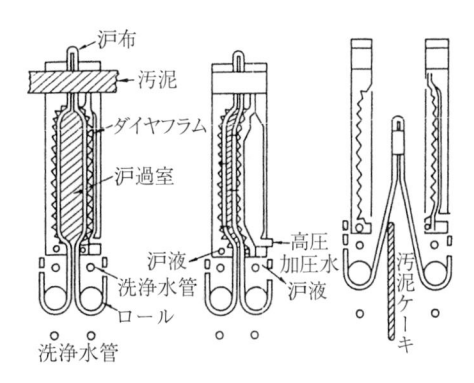

図 14.7 加圧沪過機（「下水道施設計画・設計指針と解説 (2001 年版)」(日本下水道協会) より）

〔4〕 **その他の沪過機** その他の沪過機としては，円筒状のスクリーンとスクリューからなるスクリュープレス沪過機と，回転する薄い円板で汚泥を上下から挟み，脱水する多重円板型脱水機がある。両機とも得られるケーキの含水率は 80% 程度である。

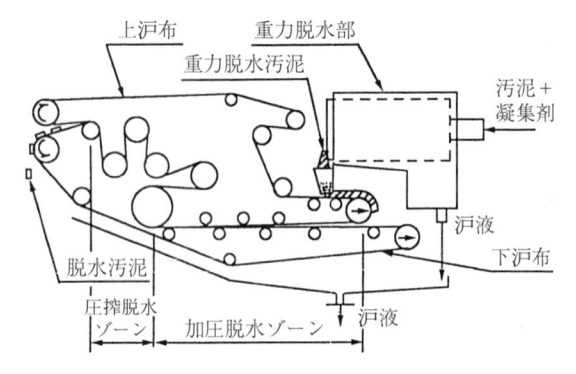

図14.8 ベルトプレス沪過機の例（「下水道施設計画・設計指針と解説（2001年版）」（日本下水道協会）より）

14.4.4 遠心脱水機

遠心脱水機は，水と汚泥粒子の密度差を利用して遠心力で分離するもので，図14.9に示すスクリューデカンタ型が最も用いられている。これは回転速度をわずかに違えたスクリューを分離機の中へ組み込み，回転差によって連続的に分離汚泥をかき出すもので，2 000〜3 000 g 程度の遠心力で運転される。脱

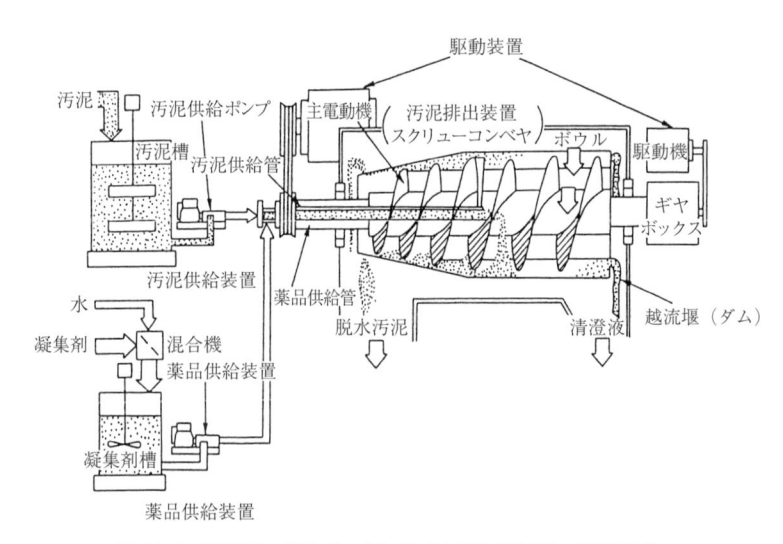

図14.9 横形遠心脱水機の例（「下水道施設計画・設計指針と解説（2001年版）」（日本下水道協会）より）

水ケーキの含水率は75〜85％程度である。

14.5 汚泥の乾燥・焼却・溶融

14.5.1 乾　　　燥

下水汚泥を緑農地や土壌改良材等に再利用するためには，含水率を20％程度にまで低下させる必要がある。また，焼却・溶融やごみとの混焼などの前処理としても乾燥工程が利用される。乾燥方法は**天日乾燥**（sun/air drying）と**機械乾燥**（mechanical drying）がある。天日乾燥は，通常，消化汚泥に対し用い，乾燥汚泥は土壌改良材として利用が可能である。乾燥床の構造は浄水汚泥と同様であるが，広大な用地が必要な上，臭気発生や維持管理に人手が必要という欠点がある。しかし，凝集剤は必要とせず，維持管理費は安価である。機械乾燥機には，直接加熱型としては熱風回転乾燥機，気流乾燥機があり，間接加熱型として攪拌溝型乾燥機がある。目的の含水率は，緑農地利用で20％，コンポスト前処理で60〜65％，焼却前処理では70％程度が目安となる。

14.5.2 焼　　　却

焼却（incineration）は，最終処分量を減らすには有効な手段の一つである。汚泥の発熱量は前処理方法によって異なるが，可燃分1 kg当りの高位発熱量は23 000〜25 000 kJ程度であり，水分を含む脱水ケーキでは6 300〜10 500 kJ（低位発熱量）である。そのため，灯油やガスなどの助燃剤が必要で，この使用量で経済性が左右される。焼却に当たっては，安全性，臭気，環境対策への配慮が必要で，特にダイオキシン類や窒素酸化物の排出については注意が必要である。ダイオキシン類は，ダイオキシン類特別措置法（平成12年）によって排水は10 pg-TEQ/L，焼却灰含有量3 mg-TEQ/gの基準値が設けられている。また，窒素酸化物は大気汚染に関する環境基準が設けられており，燃焼温度管理を十分に行い，発生量を最小にする必要がある。

焼却炉には，流動焼却炉，多段焼却炉，階段式ストーカ炉，回転乾燥焼却炉が用いられ，そのほかには湿式酸化がある。

〔1〕**流動焼却炉**　　流動焼却炉は**図14.10**に示すように，珪砂などを媒体

とした流動層に空気を下部から吹込み，流動層上部から脱水汚泥を供給する。流動層に落下した汚泥は層内に連続的に供給される燃料とともに850℃程度で燃焼する。さらに，焼却灰は上部のフリーボートへ舞い上がり，未燃分も燃え尽きる。排ガスは50〜300 μm の微粒子を含み高温であることから，集塵機で捕集するとともに，熱回収を行い，熱交換器で流動用空気を予熱する。この炉の特徴は，臭気発生のないこと，炉内に可動部がないために維持管理が容易であり，間欠運転にも支障がないことにある。

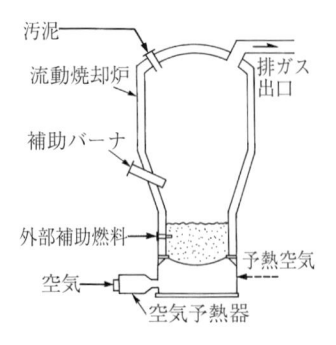

図14.10 流動床焼却炉

〔2〕 **多段焼却炉** 図14.11に示すように炉内に数段の棚が作られており，汚泥ケーキは最上段から投入される。投入された汚泥はアームで攪拌されながら下段へ送られる。その際，下方からの焼却熱で汚泥はしだいに乾燥し，ついには着火する。焼却灰は，下段で冷却され，炉底部から連続的に取り出される。炉内温度は最上段で200〜600℃，最も高温の中段部で600〜900℃，下段部では300℃程度である。

排ガス中のダスト量は少ないが，排ガス温度が低いため，臭気が残ることがある。熱効率は40％程度で，炉床当りの汚泥の

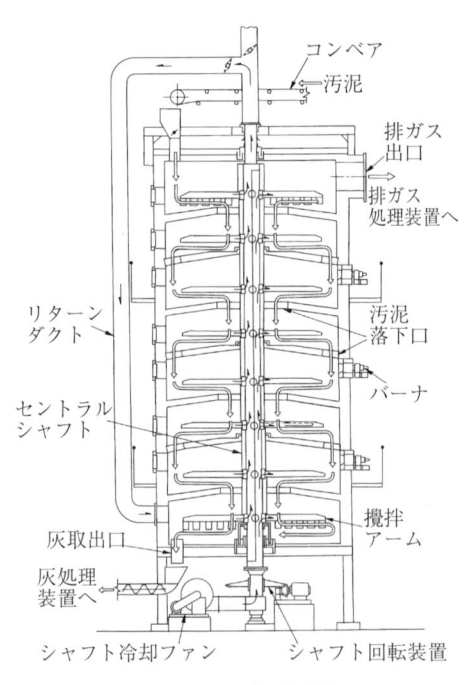

図14.11 多段炉

投入負荷は 30〜40 kg/m²/h が標準である。

〔3〕 **階段式ストーカ炉** 階段式ストーカ炉は，ストーカを階段状に配置した炉で，汚泥は階段上部に投入される。汚泥は可動のストーカ上を降下しながら，乾燥，燃焼し，下部から灰が排出される。空気は逆に炉の下部から導入され，助燃剤と汚泥を 800 ℃以上で燃焼させ，炉上部から排出される。投入汚泥は急激な攪拌を受けないので，高含水率の場合は燃焼が不十分になる恐れがある。

〔4〕 **回転乾燥焼却炉** 図 **14.12** に示すように，円筒状の炉をゆっくりと外側から回転させながら，脱水汚泥ケーキを投入コンベアで供給する。投入された汚泥はゆっくりと炉内を出口に向かって移動するうちに乾燥着火する。空気は炉の出口側から汚泥の投入方向へ汚泥の流れと逆方向に流れ，燃焼熱で汚泥を乾燥させる。炉内温度は汚泥投入点で 150〜200℃ であるが，燃焼部は 600〜1 000℃ に達する。

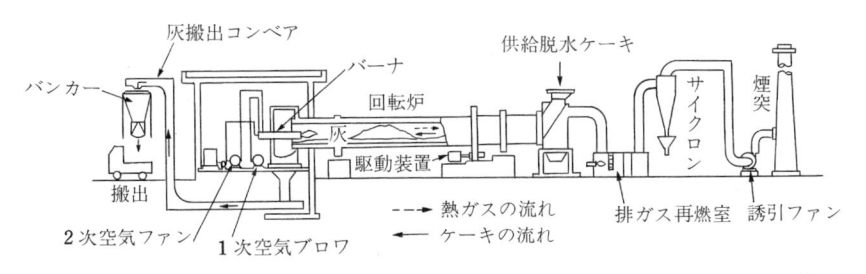

図 **14.12** 回転乾燥焼却炉（「下水道設計指針と解説（昭47）」
（日本下水道協会）より）

焼却灰は灰として取り出すこともできるが，炉出口付近の温度を 1 000〜1 100℃ まで高め，クリンカーと呼ばれる塊として取り出すこともできる。熱効率は炉の大きさによっても異なるが，多段炉よりやや悪いといわれる。

14.5.3 溶　　融

溶融（melting）は，焼却よりもさらに 1/3 程度にまで減量が可能で，大都市などで処分場の確保ができない場合などに利用される。溶融は，汚泥中の有機物質は完全に酸化されガス化し，無機物質はガラス質のスラグになるため，

クロムなどの有害金属も封じ込めることができる。溶融は汚泥の塩基度によって違いがあるが，下水汚泥は 12 000〜13 000 ℃ 以上で生じる。溶融炉としては，コークスベッド溶融炉，旋回溶融炉，表面溶融炉，スラグバス溶融炉が実用化されており，さらに，電気抵抗炉，マイクロウェーブ炉が開発中である。スラグは，冷却方法により，急冷，徐冷，結晶化スラグに分けられるが，そのまま，あるいは破砕してコンクリート骨材，路盤材，埋戻材などの建設用資材や，タイル，レンガなどにも利用できる。

14.6 コンポスト

コンポスト（compost）とは堆肥化のことで，汚泥中の有機物質を好気性微生物の働きで分解（発酵）させ，緑農地に利用可能なように安定化させる方法である。システムは，図 14.13 に示すように，前調整，発酵，製品化の 3 プロセスからなっており，発酵は 2 段で行われることが多い。前調整は，通気性，含水率，pH 調整を行い，後段の発酵プロセスが良好に進むようにコンポストの返送，もみがら，おがくずを添加して破砕を行う。発酵は，空気を吹き込んで好気性を保ちながら切返しと呼ばれる混合を行うと，好気性微生物の働きで汚泥中の有機物質を分解し，グルコース，アミノ酸，脂肪酸などへ低分子化し，一部は炭酸ガス，アンモニアまで無機化する。盛んに発酵が進むと発熱が生じ，65℃ 以上に達する。この熱で水分の蒸発が進み，含水率の低下が起きると同時に，病原菌の死滅や寄生虫卵，雑草種子も不活化する。

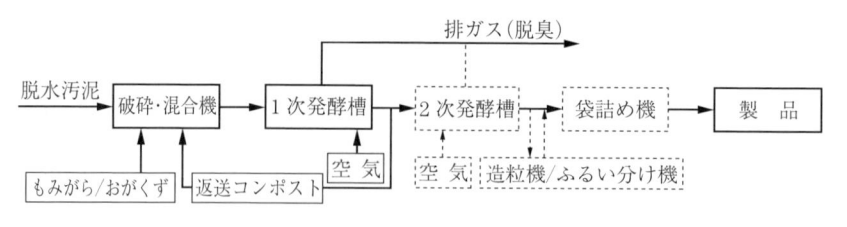

図 14.13　コンポスト化施設

索　引

〔あ〕

亜鉛	19
赤い水	20
赤潮	163
浅井戸	41, 46
味	26
亜硝酸性窒素	15, 19
アッピア水道	3
圧密沈降	60, 61, 99
圧力式	79
圧力水槽式	113
アデノシン三リン酸	195
後塩素処理	90
Anabeana	25
アルカリ剤	66
アルカリ度	66, 214
アルカリ発酵期	208
アルギン酸ソーダ	67
アルコール	170
アルツハイマー病	20
アルブミノイド	15
アルミニウム	19
アンスラサイト	84
安全弁	111
アンモニアストリッピング法	195
アンモニア性窒素	15, 73

〔い〕

池田式	53
石積み	149
イタイイタイ病	17
1次処理	165, 167
一般細菌	14, 16
岩井法	130
岩崎の式	76
陰イオン界面活性剤	25
飲料水質ガイドライン	11
いんろう継手	141

〔う〕

雨水	118
雨水沈砂池	151
雨水吐き施設	123
雨水吐き室	147
雨水流出量	133
雨天時下水量	123
埋立て	205

〔え〕

営業用水	125
栄養塩	128
栄養塩類	162
ATP	195
SRT	176, 195
SDI	178
エストロゲン作用	25
SⅡ型	111
SVI	178
SV_{30}	178
HRT	176
越流負荷	187
NS型	111
NF膜	85
NF沪過膜	58
F/M比	175
MIB	25, 93
MF膜	85
MLSS	175, 183
塩化物イオン	21
円形池	64
遠心脱水機	216
遠心分離機	103
塩素化イソシアヌール酸	197
塩素ガス	88, 197
塩素酸化	96
塩素消毒	4
塩素要求量	89

〔お〕

欧州式ハイレート法	187
横流式沈澱池	64
OHラジカル	93
オキシデーションディッチ法	179, 185
Oscillatoria	25
汚水	118
汚水沈砂池	151
オゾン	197
オゾン酸化	207
オゾン消毒	91
オゾン処理	24, 92, 93
汚濁負荷	124
汚泥消化	208
汚泥処理	165
汚泥滞留時間	176
汚泥日令	177
汚泥の沈降性	178
汚泥浮上	183
オルトリン酸	195
温度成層	41
温度躍層	41

〔か〕

加圧沪過機	103, 213, 215
ガーネット	84
カーベイ	135
外圧式	86
解体	183
階段式ストーカ炉	219
階段接合	144
快適水質項目	11
回転円板法	169, 191
回転乾燥焼却炉	219
回転式	69, 168
回分式活性汚泥法	186
化学的酸素要求量	160
家事兼営業用	34

索　引

家事用	34	基質	169,173	計画家庭汚水量	128
ガス攪拌	211	基礎工	141	計画給水区域	30
河川水	39	基本計画	30	計画給水人口	31
活性汚泥	172	逆浸透	193	計画給水量	34
活性汚泥標準法	172	逆流洗浄	80	計画給水量原単位	32,34,37
活性汚泥法	166,169	キャンプ	62,67,78	計画下水道区域	121
活性ケイ酸	67,97	吸引沪過	87	計画下水道人口	122
活性炭処理	92,94	給水	9,112	計画工場排水量	128
家庭汚水量	125	給水栓	87	計画時間最大汚水量	128
家庭汚水量原単位	125	給水量原単位	37	計画時間最大給水量	107
家庭下水	118	急速混和池	67	計画取水量	39,43
カドミウム	17	急速砂沪過法	72	計画水質	128
かび臭	25	急速沪過	58	計画年次	30
下部集水装置	74	急速沪過方式	56	計画配水量	107
過マンガン酸カリウム消費量		強化プラスチック複合管	138	計画1人1日最大汚水量	126
	55	凝集	64	計画1人1日時間最大汚水量	
カラー継手	141	凝集剤	64		126
カルキ臭	90	凝集補助剤	67	計画1人1日平均汚水量	126
カルシウム，マグネシウム等		強熱減量	162	経験式	136
硬度	21	業務・営業用水	34	傾斜板沈澱池	70
カルマン	77	近代下水道	5	下水	118
カルマン・ルイス	213	近代水道	4	下水道	118
環境基準	198	均等係数	73,78	下水道計画年次	121
環境基準健康項目	201	〔く〕		下水道法	118
環境基本法	199			ケスナーブラシ	179
ガンギレー・クッター式		空気酸化	96	結合残留塩素	87,90
	50,53,139	空気洗浄	82	減圧弁	111
観光汚水	129	空気弁	52,111	限界沈降速度	59
観光汚濁負荷量	129	久野・石黒型	131	限外膜沪過法	85
監視項目	11	グラブ型	152	限外沪過膜	58,193
干渉沈降	60,61,99	グリーン	88	嫌気性消化	208
緩速砂沪過法	72	クリプトスポリジウム		嫌気性代謝	169
緩速沪過	57		14,27,29,92	原水	39
緩速沪過方式	56	黒い水	21	減衰増殖期	170
神田上水	3	クロスフロー沪過	86	減衰沪過	80
管中心接合	143	クロラミン	16,89,91	原生動物	171
管頂接合	143	クロロ酢酸	24	建設用資材	205
管底接合	143	クロロホルム	23	懸濁物質	57
還流	61	群井	45	原虫	14,29
〔き〕		〔け〕		〔こ〕	
機械攪拌	211	計画1日最大汚水量	128	広域下水道	120
機械攪拌式	179	計画1日最大給水量	107	降雨強度	130
機械乾燥	217	計画1日平均汚水量	128	降雨強度式	130,131
機械脱水	102	計画汚水量	124,128	降雨流出水	118
機械脱水法	99	計画汚濁負荷量原単位	128	高温菌	210

索　引

高架タンク	106	砕石基礎	142	ジブロモクロロメタン	23
鋼　管	111,113,138	砂上水深	79	ジャーテスタ	66
好気性消化	212	さらし粉	88	シャーマン型	131
好気性処理	168	散気式	179	臭　気	26
好気性代謝	169	3次処理	165,193	重金属類	55
好気性微生物	15,166,168	散水負荷	189	集水埋渠	47
好気性沪床法	169,190	散水沪床法	166,169,188	修正指数曲線式	32
公共下水道	119	酸性減退期	208	従属栄養細菌	16
工業用水	34	酸性発酵期	208	臭素酸	24,94
硬質塩化ビニル管		酸素活性汚泥法	186	自由沈降	61
	111,113,138	残留塩素濃度	87	終末処理場	119
工場排水	118	〔し〕		重力式	79
工場排水量	127			重力式濃縮	99
工場排水量原単位	127	次亜塩素酸	88	重力濃縮	207
後生動物	171	次亜塩素酸イオン	88	取　水	9,43
高速エアレーション沈澱池		次亜塩素酸カルシウム	197	取水管渠	44
	187	次亜塩素酸ナトリウム		取水堰	43
高速凝集沈澱池	71		88,91,197	取水塔	44
高速法	188	ジアルディア	29	取水門	44
高置水槽	113	シアン化物イオン	18	取水枠	45
高置水槽式	113	C/N	211	循環式硝化脱窒法	194
硬　度	21	COD	158	春秋の循環	40
高度浄水処理	92	G^*CT 値	68	消　化	207
高度処理	165,193	G 値	67,68	硝　化	15,93
高分子凝集補助剤	97	GT 値	67,68	硝化菌	15
合理式	133	ジェオスミン	25,93	消火栓	106
合流式下水道	122	四塩化炭素	22	消化方式	210
固形物負荷	207	1,4-ジオキサン	22	消火用水	35
湖沼水	40	市街化区域	122	消火用水量	105,108
コゼニー	77	市街化調整区域	122	焼　却	217
コゼニー・カルマン定数	77	紫外線	197	上下う流式	69
固定生物膜処理法	169	紫外線消毒法	91	上向流式沪過	84
固定生物膜法	187	時間係数	107	上向流沈澱池	64
コロイド	56	色　度	26	硝酸性窒素	15,19
コンクリート基礎	142	仕切弁	52	浄　水	9,55
コンクリートブロック積み		ジクロラミン	89	浄水システム	56
	149	1,1-ジクロロエチレン	22	浄水処理	99
混合液中浮遊物質濃度	175	ジクロロ酢酸	24	消　毒	87,197
コンタクトスタビリゼイ		ジクロロメタン	22	消毒だけの方式	56
ション法	187	支持層	74	消毒副生成物	23
コンポスト	206,220	糸状性バルキング	183	場内ポンプ場	150
〔さ〕		死水域	61	蒸発残留物	26,162
		シス-1,2-ジクロロエチレン		除害施設	126
細　菌	171		22	除鉄・除マンガン	95
最終沈澱池	172	自然流下式	48,52,104	真菌類	171
最初沈澱池	167	し尿汚染	16,21	真空沪過機	102,213,215

人工貯水池	40	晴天時下水量	123	濁　度	26
浸漬膜	87	製品出荷額	128	多孔管型	82
深水層	41	生物化学的酸素要求量	158	多孔板型	82
		生物活性炭	95	多重円板型沪過機	213
〔す〕		生物処理	92,166,168	多層沪過	84
水　銀	17	生物脱窒	194	多段焼却炉	218
水源涵養林	43	精密膜沪過法	85	脱　水	99,212
水酸化アルミニウム	65	精密沪過膜	58,193	脱水ケーキ	99,217
水　質	10	整流壁	63	脱窒菌	194
水質管理目標設定項目	11	ゼータ電位	65	WHO	11,27
水質基準	11	ゼオライトによるイオン		玉川上水	3
水蒸気賦活法	95	交換法	195	ダルシーの法則	46
水中攪拌式	180	世界保健機関	11	タルボット型	131
水中けん引式	69	石綿セメント管	111	単位プロセス	58
水　道	8	接合井	52	タンク形状	211
水道事業	8	接触酸化法	169,191	段差接合	144
水道施行規則	87	セレン	17	炭酸塩	20,21
水道水源	39	旋回流式	180	炭酸水素塩	20,21
水道水質基準	10	全酸素要求量	160	淡水赤潮	163
水道法	8	浅層埋設	147	単独井	45
水道用ポリエチレン管	111	全面曝気式	180	丹　保	68
水平う流式	69	全有機性炭素	160	短絡流	61
水面接合	143	全量沪過	86	単粒子の沈降速度	58
水利権	39,42				
水理特性曲線	140	〔そ〕		〔ち〕	
水路橋	48	総括酸素移動係数	182	チェーンフライト式	168
スカム	167	増殖期	170	地下水	41
スクリーン	151	送　水	9,48	地下水量	127
スクリューデカンタ型	216	総トリハロメタン	23	地中埋設物	137
スクリュープレス	213	藻　類	40,171	畜産排水	130
ステイン	67	粗気泡型	180	窒　素	162
ステップエアレーション法		促進酸化法	94	窒素の循環	14
	184	ソケット継手	141	地表水	39
ステンレス管	113	粗度係数	139	中温菌	210
ストークスの式	60			中間マンホール	144
ストレーナ	46	〔た〕		中空糸膜	86
ストレーナ型	82	第１沈澱池	167	中継ポンプ場	150
砂基礎	142	ダイオキシン	207,217	鋳鉄管	113
スラッジブランケット型	71	帯水層	42	長時間エアレーション法	185
スラリー循環型	71	対数増殖期	170,174	調整池	134,156
		大腸菌	14,16	長方形沈澱池	64
〔せ〕		大腸菌群	14,16,197	貯水槽	112
生活環境の保全に関する環境		第２沈澱池	172	貯水槽式	112
基準	201	滞留時間	63	直結式	112
生活用水	34	多階層沈澱池	70	直結増圧式	112
制水弁	52,111	ダクタイル鋳鉄管	111,138	直結直圧式	112

沈砂池	151,166	トリクロロエチレン	23	バタフライ弁	52
沈　澱	57,58,167	トリクロロ酢酸	24	発癌性	55
沈澱池	60	トリハロメタン	23,55,91	発癌性物質	11
		トリハロメタン生成能	24	曝気槽	172
〔つ〕		泥吐き管	111	曝気沈砂池	151,167
継　手	141			曝気方式	179
		〔な〕		パドル式	179
〔て〕		内圧式	86	バルキング	178
THM	24	内生呼吸期	171	反応槽	173
THMFP	24	内生代謝	171		
TOC	26,55,158	内分泌攪乱化学物質	25,28	〔ひ〕	
TOD	158	中塩素処理	90	被圧地下水	41
抵抗係数	59	ナトリウム	20	PAC	65
定量沪過	80	鉛	18	BOD	73,128,158
鉄	20	鉛　管	111	BOD-SS 負荷	175
鉄筋コンクリート管	138			BOD/COD 比	160
鉄筋コンクリート基礎	142	〔に〕		BOD 負荷	175,189
鉄筋コンクリート長方形渠		二酸化塩素	91	BOD 負荷量	128
	138	2 次処理	165	BOD 容積負荷	175
手詰め管	138	2 段沪過法	97	非イオン界面活性剤	25
テトラクロロエチレン	22	Nitrosomonas	15	ピーク流出係数	133,156
デ　ブ	78	Nitrobacter	15	微細気泡型	180
電気 2 重層説	64			微細気泡性噴射式	180
天日乾燥	206,217	〔ね〕		ピストン流方式	174
天日乾燥床	101	熱処理	207	ヒ　素	18
天日乾燥床法	99	年平均人口増加数	32	比増殖速度	173,177
		年平均増加率	32	人の健康の保護に関する	
〔と〕		〔の〕		環境基準	201
銅	20	濃　縮	99,207	1 人 1 日最大給水量	37
陶　管	138	濃縮槽	99	1 人 1 日時間最大給水量	
銅　管	113	農　薬	28		37
導　水	9,48			1 人 1 日平均給水量	37
透水係数	46	〔は〕		非毎年最大値法	130
透析痴呆症	20	ハーゼンプロット法	130	ヒューム管	138
等速沈降速度	59	ハーディ・クロス法	109	ビュルクリ・チーグラ式	
等　流	139	ハートマン	191		136
導流壁	63	ハイエトグラフ	156	病原生物	10
トーマスプロット法	130	配　水	9,104	標準活性汚泥法	167
特性係数法	132	配水管網	104	標準降雨強度	130
特定環境保全公共下水道	120	配水池	104	標準法	188
特定公共下水道	120	配水塔	106	表水層	41
都市計画法	122	配水方式	104	表面洗浄装置	81
都市下水路	119	排水ポンプ場	150	平　膜	86
土壌改良材	205	バイフロー沪過	84		
鳥居基礎	143	はしご胴木基礎	142	〔ふ〕	
トリクロラミン	89			ファウリング	87

ファン・デル・ワールス力	64,75	ベルトプレス沪過機	215	〔め〕			
VSS	175	変異原性	55	メタノール	194		
フィン付傾斜板沈澱池	71	変異原性物質	11	メタン	170, 208		
富栄養化	163, 202	ベンゼン	23	メタン生成菌	170, 208		
フェノール類	25	返送汚泥	173	2-メチルイソボルネオール	25		
深井戸	41, 46	偏流	61	メトヘモグロビン血症	16		
負荷率	36	〔ほ〕		メンテン	173		
伏流水	42	ホイラー型	82	〔も〕			
浮上濃縮	207	放線菌	25	モールマン	178		
浮上分離	57, 166	ホウ素	19	モディファイドエアレーション法	187		
伏越し	48, 137, 149	ポリエチレン管	113, 138	モノ	173		
普通沈澱	57, 63	ポリ塩化アルミニウム	65	モノクロラミン	89		
フッ素	19	Phormidium	25	モノリス膜	86		
物理洗浄	87	ホルムアルデヒド	24	〔や〕			
物理的処理	165	ポンプ加圧式	48, 52, 104	薬剤処理	99		
浮遊生物処理法	168	ポンプ場	137	薬品凝集沈澱	58, 64		
浮遊物質	128, 162	〔ま〕		薬品洗浄	87		
ブラウン運動	56	マイクロスクリーニング	193	薬品沈澱池	69		
ブリックス式	136	マイクロストレーナ	98	〔ゆ〕			
フルード数	61, 70	マイクロフロック	67, 84	UF膜	85		
ブレークスルー	80	毎年最大値法	130	有機高分子凝集剤	65, 214		
プレストレストコンクリート管	138	前塩素処理	90	有機高分子凝集補助剤	67		
不連続点	89	膜沪過	85	有機酸	170, 208		
不連続点塩素消毒法	89	膜沪過方式	57	有機物質	55		
不連続点塩素処理	96	マッドボール	81	有機物等	26		
不連続点塩素注入法	195	マニング式	50, 139	有機膜	86		
フロック	58, 171	マンガン	21	有効径	73, 78		
フロック形成	67	マンホール	112, 144	有孔ブロック型	82		
フロック形成池	67	〔み〕		有効率	35		
ブロモジクロロメタン	23	ミーダ型	69, 152	有収率	36		
ブロモホルム	23	ミーダ式	168	湧泉	42		
粉末活性炭	94	ミカエリス	173	誘導期	170		
分流式下水道	122	水面積負荷	63, 151, 187	有毒物質	10		
〔へ〕		密度流	61	遊離残留塩素	87, 89		
平均滞留時間	176	水俣病	17	〔よ〕			
閉鎖性水域	162, 202	〔む〕		溶解性物質	162		
ヘーゼン	62	無機物質	55	溶解物質	57		
ヘーゼン・ウィリアムス式	53, 109	無機膜	86	要監視項目及び指針値	201		
pH	27	無筋コンクリート	149	要検討項目	11		
ペーペル	191	無声放電法	93				
べき曲線式	33						
ベルトプレス	213						

用途地域	122, 125	
溶　融	219	
余剰汚泥	173	
予備エアレーションタンク		
	166	
予備処理	166	

〔ら〕

藍藻類	25	

〔り〕

理想沈澱池理論	62	
流域幹線	120	
流域関連公共下水道	120	
流域下水道	119	
流下時間	135	
硫酸アルミニウム	65	
硫酸ばんど	65	
流出係数	133, 156	
粒状活性炭	94	
流速係数	53	
流達時間	135	
流動焼却炉	217	
流入時間	135	
リン	162	
リングベルト式	69	
リン除去	195	

〔る，れ〕

類型指定	202	
レイノルズ数	59	
レンジコンクリート管	138	

〔ろ〕

漏　水	37	
ローマ水道	3	
沪　過	72	
沪過係数	76	
沪過継続時間	80	
沪過砂	74	
沪過速度	72	
沪過膜	72	
沪　材	72, 78, 188	
ロジスティック曲線	33	
六価クロム	18	

―― 著者略歴 ――

1965 年　早稲田大学第一理工学部土木工学科卒業
1965 年　東京都立大学助手
1973 年　東海大学講師
1980 年　東海大学助教授
1986 年　工学博士（東北大学）
1987 年　東海大学教授
2009 年　東海大学名誉教授

改訂 上下水道工学
Water and Waste Water Engineering (Revised Edition)

© Takeo Moniwa 1985, 2007

1985 年 12 月 20 日　初　版第 1 刷発行
2002 年 7 月 15 日　初　版第 17 刷発行
2007 年 3 月 30 日　改訂版第 1 刷発行
2021 年 7 月 10 日　改訂版第 7 刷発行

検印省略	著　者　茂　庭　竹　生	
	発行者　株式会社　コロナ社	
	代表者　牛来真也	
	印刷所　壮光舎印刷株式会社	
	製本所　牧製本印刷株式会社	

112-0011　東京都文京区千石 4-46-10
発行所　株式会社　コロナ社
CORONA PUBLISHING CO., LTD.
Tokyo Japan
振替00140-8-14844・電話(03)3941-3131(代)
ホームページ　https://www.coronasha.co.jp

ISBN 978-4-339-05063-9　C3351　Printed in Japan　　　（水谷）

JCOPY　＜出版者著作権管理機構 委託出版物＞

本書の無断複製は著作権法上での例外を除き禁じられています。複製される場合は、そのつど事前に、出版者著作権管理機構（電話 03-5244-5088、FAX 03-5244-5089、e-mail: info@jcopy.or.jp）の許諾を得てください。

本書のコピー、スキャン、デジタル化等の無断複製・転載は著作権法上での例外を除き禁じられています。
購入者以外の第三者による本書の電子データ化及び電子書籍化は、いかなる場合も認めていません。
落丁・乱丁はお取替えいたします。